베게너의 지구

초판 1쇄 찍은날 2018년 6월 18일
초판 1쇄 펴낸날 2018년 6월 20일

지은이 김영호

펴낸이 최윤정
펴낸곳 도서출판 나무와숲 | 등록 2001-000095
주 소 서울특별시 송파구 올림픽로 336 1704호(방이동, 대우유토피아 빌딩)
전 화 02)3474-1114 | 팩스 02)3474-1113
e-mail : namuwasup@namuwasup.com

ISBN 978-89-93632-69-9   93450

이 도서의 국립중앙도서관 출판예정도서목록(CIP)은 서지정보유통지원시스템 홈페이지
(http://seoji.nl.go.kr)와 국가자료공동목록시스템(http://www.nl.go.kr/kolisnet)에서
이용하실 수 있습니다. (CIP 제어번호 : CIP2018017273)

대륙이동설부터 판구조론까지

베게너의 지구

김영호 지음

나무의숲

들어가는 글

1785년을 원년으로 과학계에 입문한 지질학은 1960년대 말 등장한 판구조론에 힘입어 과학다운 과학의 면모를 드디어 갖추게 되었다. 지구의 역사를 바로 세울 수 있는 바탕이 비로소 마련된 것이다. 판구조론은 지구에 대한 올바른 정보를 다양한 분야로부터 획득하여 거대한 지구 정보 데이터베이스(D/B)를 구축하는 디딤돌이 되었다. 이 D/B는 태양계뿐만 아니라, 더 나아가 우주의 물질을 연구하는 데 있어 하나의 기준과 참고가 되고 있다.

지질학에 이러한 도약의 기회를 준 사람은 지구를 누구보다도 사랑했던 독일의 천문학자, 알프레드 베게너(Alfred Wegener)였다. 1912년 초 개최된 독일의 한 박물관 심포지엄에서 발표한 '대륙과 해양의 기원에 관하여'라는 논문 초록이 바로 그 시발점이다. 베게너는 천문학뿐만 아니라 기상학, 지질학, 지구물리학 등에 관심을 갖고 지구를 다양한 방향에서 관조한 과학자이다. 강인한 체력을 바탕으로 그린란드 원정에 여러 번 참여한 극지탐험가이기도 하다.

이 책은 '내 전공은 이것뿐'이라는 족쇄에 얽매이지 않고 지구를 멀리서 각도를 달리하여 바라보았으며, 평생의 짐이 되어 버린 "대륙은 이동을 했어야 한다"는 자신의 주장을 증명하고자 노력했던 한 과학자의 이야기를 근간으로 하고 있다. '대륙이동설'로부터 출발하여 50여 년이 지난 뒤에야 정립된 '판구조론'은 지구과학계에 큰 충격을 주었다. 판구조론은 기존의 지구 관련 지식을 다시 되돌아보게 하고, 지질학의 연구 대상을 2차원에서 3차원으로 넓혀 놓았으며, 지구를 바라보는 시각을 행성 지구에서 태양계로 외연을 확장시켜 놓은 자연과학의 일대 혁명이었다.

오늘날 인류는 수천만 킬로미터나 떨어진 우주 공간을 넘나들며 나름 첨단시대에 살고 있다. 하지만, 정작 우리가 발붙이고 사는 지구의 내부에 대해서는 짐작만 할 뿐 모르는 것투성이다. 겨우 6㎞밖에 떨어져 있지도 않은데 말이다.

이 책은 이와 같이 인간의 접근을 허용하지 않아, 갈 수가 없어 볼 수도 없는 지구 내부 구조의 조성에 대한 것이다. 현재 우리가 알고 있는 맨틀과 핵의 조성은 지구와 태양계의 행성, 소행성, 운석과 혜성, 더나아가 태양과 달까지 연구하여 얻은 결과로부터 지구 내부를 흉내낸 모델을 통해 구성한 것에 지나지 않는다. 아직은 확실하지도 않고 대신 의문점은 늘어가고 있다. 그렇지만 지구 내부의 조성에 대해 어느 정도의 큰 그림은 그릴 정도의 지식이 쌓여 왔음을 소개하고 싶은 의도와 욕심이 이 책을 쓰게 된 동기이다.

이 책의 그림은 거창화강석연구센터의 강무환 연구원이 완성하였으며, 제2장 및 제4장의 우주에 관한 내용은 진주 동명고등학교 임진용 박사의 도움으로 보다 진실한 내용을 담을 수 있었다. 이에 고마움을 전한다. 졸저를 출판한 나무와숲 최헌걸 사장의 노고에 감사한다.

2018 여름, 진주
김영호

차 례

01

북극과
석탄

북극권에서

　　북극권역에 위치하고 있는 스발바르 군도((Svalbard Islands)는 노르웨이의 영토이다. 이 섬에 우리나라의 북극다산과학기지가 있다. '스발바르'는 '찬 해안'이라는 뜻이고, '다산(茶山)'은 정약용 선생의 호이다. 4개의 큰 섬으로 이루어진 스발바르 군도에서 가장 큰 스피츠베르겐(Spitsbergen) 섬의 북단에 위치한 니-알슨(Ny-Alesund, 북위 78°55', 동경 11°56') 마을에 과학기지가 조성되어 있다. 니-알슨은 북극 지방에 대한 각종 연구를 위해 조성된 계획도시로서, 크기는 작지만 11개 국적의 극지 연구자들이 모여 사는 국제도시이다. 북극과학연구도시에 입주한 다산기지는 2층 조립식 건물을 임차하고 있는데 연구동을 프랑스와 좌-우로 반씩 공유하고 있다(그림 1-1).

그림 1-1 북극다산과학기지

노르웨이령 스발바르 군도, 스피츠베르겐 섬의 니-알슨 마을에 있는 북극다산과학기지 전경. 건물의 왼쪽이 다산기지이고 오른쪽은 프랑스 기지이다. 건물 뒤에 보이는 산이 제펠린 봉(Zeppelin peak)이며 높이는 554m이다. 이 봉우리의 언저리에는 북극권역의 온실가스 변이를 측정하는 대기성분 관측소가 위치하고 있다.

8월 한여름, 백야의 북극권 마을에서 차츰 인상적으로 보이기 시작한 것은 지질학자에게는 지구를 연구 대상물로만 바라보는 시각이 한쪽으로만 치우쳐 있을 수도 있겠지만, 그래도 가장 눈을 사로잡았던 광경은 녹아내리고 있던 빙하도, 북극곰은 볼 수 없는 시기에 나타난 순록도, 어린 새끼들을 키우느라 정신없이 사냥하던 북극여우 어미도 아닌, 바로 탄광의 흔적이었다(그림 1-2). 이미 폐허로 변해 버린 탄광 잔해의 부스러기들과 함께 거의 폐품이 돼버려 방치되어 있던 석탄 운송용 화물기차가 항구로 향하던 철로 위에서 녹이 슨 채 세월로부터 버림받은 유물이 되어 널브러진 채 자리를 잡고 있었다.

북극다산기지 인근 니-알슨 광장에는 아문센의 흉상이 자리하고

그림 1-2 스피츠베르겐 섬, 니-알슨 마을 인근의 피오르드 해안에 남아 있는 탄광의 흔적
석탄이 쌓여 있던 장소 주변에 목재와 건축 폐자재 등이 널브러져 있다. 17세기경, 이곳에 진출한 영국의 고래잡이 선단에 의해 석탄 매장이 알려지게 되었다. 1909년부터 노르웨이 정부가 본격적으로 채굴을 시작하였으나, 1962년 폭발사고로 광산이 폐쇄되었다.

있다. 아문센(R. Amundsen, 1872~1928)은 당시 북극권 탐사의 전초기지였던 스피츠베르겐 섬의 중심 마을인 롱이어비엔(Longyearbien)에 머물며 1903년부터 3년 동안 북서항로를 개척한 노르웨이의 극지탐험가이다. 북서항로는 유럽을 중심으로 북서쪽에 있는 그린란드의 동쪽 해안을 거쳐 북미주의 북쪽 해안을 따라 북극해를 통과한 다음, 베링 해를 거쳐 태평양으로 진출하는 항로이다. 아문센은 북서항로를 개척할 당시 에스키모로부터 극지방에서 살아가는 요령을 터득한 다음, 남극대륙을 탐험할 때 이 '극지생존법'을 이용하였다 한다.

아문센은 1911년 12월 14일 남극점에 도달한 최초의 지구인이다. 이로부터 약 한 달 뒤인 1912년 1월 17일 영국의 해군 장교, 스콧(R. Scott, 1868~1912) 역시 남극점에 도달하였으나, 아문센과 달리 출발 지점으로 돌아오지는 못했다.

같은 해 3월 29일, 스콧은 로스 빙붕(Ross ice shelf)에서 주검으로 발견된다. 로스 빙붕은 로스 해(Ross sea)로 흘러드는 빙하 평원으로, 우리나라 '장보고과학기지'가 빙붕의 끝자락인 로스 만에 위치하고 있다. 남극점을 정복한 두 명의 탐험가를 기리기 위해 남극점에 가장 인접한 곳에 위치한 미국 극지과학기지의 명칭이 아문센-스콧기지(Amundsen-Scott station)이며, 장보고기지 이웃에 있는 뉴질랜드 과학기지 이름도 스콧기지(Scott station)이다.

스피츠베르겐 군도의 서울인 롱이어비엔에서 가장 인상적인 광경은 역시 탄광의 흔적과 더불어 광부를 기리는 벽화와 조형물이 즐비하다는 것이다. 니-알슨에서 석탄 채광은 이미 중단되었으나, 롱이어비엔에서는 여전히 석탄을 채굴하고 있다고 한다. 북극권역을 찾는 여행객이 묵고 있는 호텔의 외벽에도 광산과 광부를 기리는 벽화와 조형물이 자리하고 있다. 20세기 초부터 노르웨이가 개발하기 시작한 석탄은 북극권에 속하는 이곳의 날씨와는 너무나 동떨어진 물질임에 틀림없다. 석탄이란 날씨가 따뜻하고 비가 충분히 내리는 곳에 살던 식물이 쌓여서 만들어진 것이기 때문이다.

롱이어비엔이나 니-알슨에서 살아가는 나무는 북극의 추위와 바람을 견디기 위해 땅에 바싹 붙어 웅크린 채로 살아가기 때문에 키가 채

그림 1-3 북극다산기지 인근에서 자생하고 있는 툰드라 들쭉나무
'툰드라'는 '나무가 없는 벌판'이란 뜻이다. 그러나 덩치가 큰 나무가 없을 뿐, 툰드라에도 나무는 자란다. 언뜻 보면 풀 같지만 키 작은 나무가 땅에 붙어 있다. 툰드라 지역은 햇빛의 조사량이 적고 땅속에 영구동토층이 있어 뿌리를 깊게 뻗을 수 없기 때문이다. 툰드라에서는 지표면에서 30cm까지의 공기는 땅으로 흡수된 태양에너지와 반사된 열에너지 덕분에 위쪽 공기에 비해 더 따뜻하다. 따라서 지표면에 붙어 자라야 혹독한 추위에서 살아남을 수 있다.

20cm도 되지 못한다(그림 1-3). '여름에도 추위가 느껴지는 이 땅에서 석탄의 생성은 불가능한데…'라는 마음을 갖고 나도 모르게 어느새 석탄층이 만들어지기 시작하는 따뜻하고 비가 많이 내리던 고생대로 가고 있는 듯했다.

지질 시대와 석탄

지금으로부터 3억 년 전쯤, 고생대 석탄기와 페름기 초는 기온이 온화하고 비가 많이 내려 식물이 크게 번성하면서 거대한 삼림을 이루던 시기였다. 당시 식물은 습지나 물 밑에 뿌리를 얕게 내리고 살다 죽으면 물속에 차례로 쌓여 갔다. 오랜 시간이 흐르면서 겹겹이 쌓인 식물의 충적층은 점점 두꺼워져 갔다. 물속은 물 밖에 비해 산소가 부족한 환원 환경이므로 식물 더미는 쉽게 썩지 않아 거의 그대로 보존되었다. 식물 더미가 점점 쌓이면서 압력과 온도가 높아진 환경이 되자 박테리아의 작용으로 탄화가 시작되었다. 처음에는 토탄이 되었다가 퇴적물이 더 쌓여 온도와 압력이 증가하면서 식물의 구성 성분 중 수소·질소·산소 등은 서서히 달아나고 탄소만 남게 된 것이다. 이러한 탄화 과정의 마지막 산물이 바로 석탄(coal)이다.

고생대 이후, 중생대 트라이아스기, 주라기 및 백악기, 그리고 신생대 제3기에도 석탄은 만들어졌다. 석탄의 주요 원료 식물을 살펴보면 고생대에는 양치식물인 인목·봉인목·노목 등이고, 중생대에는 겉씨식물, 중생대 말기에는 속씨식물이었다. 현재도 지구 곳곳에서 두껍게 쌓여 가고 있는 식물 더미와 더불어 수십만 년 전 땅속에 묻혀 만들어진 토탄은 지질 조건만 적당히 유지된다면 먼 훗날에는 갈탄이 된 다음, 역청탄 그리고 무연탄으로 변하는 탄화 과정을 밟게 될 것이다. 탄광에서 발견되는 석탄층의 두께는 수 센티미터에서 수십 미터까지 매우 다양하다. 식물 더미는 부피가 상당히 줄어들어야 석탄으로 변하는데, 1m의 석탄층은 20m 이상의 식물이 쌓여야 만들어진다.

석탄층이 만들어지려면 서서히 침강하는 퇴적 분지가 필요하며, 식물 성장에 알맞은 온화한 기후가 필수적이다. 고생대는 지질 시대 중에서 식물과 동물 등 모든 생명체가 번성하기에 매우 알맞은 시기였다. 북극권 니-알슨 마을의 석탄도 바로 이 시기에 만들어졌다. 온화한 기후대에 속해 있던 땅덩어리가 약 3억 년을 움직이고 또 움직여 북극 가까운 곳에 자리를 잡은 것이다.

고생대 이후 지금까지 오랜 시간이 흐르면서 지구에는 어떠한 일이 일어났던 것일까?

시간에 따른 사건의 기록, 이것이 바로 '역사'이다. 우리는 지질 시간이 흐르면서 일어난 지구의 사건을 따져 보아야 한다. 즉 '지구의 역사'를 추적해 보는 것이다. 지구의 역사를 복원해 내는 것, 이것이 바로 지질학의 궁극적인 목표이다. 이를 위해 먼저 지질학에 대해 살펴보기로 하자.

지구, 생명, 지질학

　　　　　태양계 행성 중에서 지구가 유독 특별한 이유는 다양한 생명체가 살기 때문이다. 인류가 지구 역사에 대해 알고 싶어 하는 가장 큰 이유도 생명체의 탄생과 진화 때문일 수 있다. 지구 역사의 흐름 속에서 생물이 어떻게 진화되어 왔는가를 고찰할 때, 맞닥뜨리게 되는 의문은 '오랜 지질 시대를 지나면서 변화해 오던 지구 환경이 생명에 끼친 영향은 과연 무엇이었나?'이다. 생명체에 대해 지구 환경이 끼친 영향과 지구 환경의 변화에 미친 생명체의 영향은 지구 역사에서 꼬리에 꼬리를 무는 반복 주제일 수도 있다.

　지질학의 연구 대상은 지구이며, 지질학의 연구 목표는 지구 역사를 정립하는 것이다. 따라서 지질학은 지구에 대한 관찰과 더불어 이미 만들어져 있는 이론을 바탕으로 지구에 기록되어 있는 역사적 변이를 해석하는 학문이다. 지구의 역사를 해석하는 데 적용되는 이론은 물리학, 화학 및 생물학의 원리에서 출발한다. 지구에 관한 이론이 유효하다는 사실을 인정받기 위해서는 역사적 기록에 대한 검증을 받아야 한다. 왜냐하면 이런 이론은 역사적 시각이 제공하는 통찰력에 의해 선택된 다음 비로소 발전한 것이기 때문이다.

　지구는 46억 년 전에 생성되었다. 지질학은 지구 역사를 정립한다는 목표를 달성하기 위해 46억 년이란 지질 시대와 더불어 매 시간마다 지구 진화 과정에 대한 끊임없는 질문을 통해 답변을 얻으려고 노력해 왔던 노고의 산물이었다.

　고대 그리스의 철학자들은 세상이 물, 불, 흙, 공기로 이루어졌다고 생각하였다. 이러한 기본 물질이 서로 얽히고설켜서 다양한 물질이 만들어졌으며, 그 결과물이 우리 눈에 보이는 지구라고 여겼다. 초기 지질학은 지구를 구성하는 물질을 눈에 보이는 대로 기재만 하는 데 그쳤다. 따라서 서구 사회에서 지질학이란 주요 학문을 보조하는 도구로 인식되던 기간이 매우 길었다. 이러한 인식을 바꾸어 놓은 사람이 18세기 스코틀랜드의 허턴(J. Hutton)이었다.

그러나 허턴 이후에도 지질학은 암석, 지형 및 지질 구조 등을 기재하는 데 그친 변두리 학문이라는 취급을 여전히 받았다. 그러다가 20세기 초반 전혀 새로운 패러다임으로 지구를 관조한 독일의 기상학자 베게너(A. Wegener) 덕분에 지질학은 드디어 독립적인 학문으로 거듭날 수 있는 계기를 맞게 되었다.

지질학의 전개를 훑어보기 위해서는 지구를 이해하려 했던 선지자들을 우선 살펴보아야 하며, 1912년 베게너로부터 시작하여 1960년대에 이르러 확립된 판구조론(plate tectonics)의 정립 과정을 따라가 보아야 한다. 베게너 덕분에 현대 지질학은 지구 표면의 물질과 현상에 대한 기재와 해석에만 국한되었던 좁은 분야의 과학에서 지구 내부의 구조와 조성 및 물리-화학적 특성을 아우르는 것은 물론, 동력 작용까지 밝혀내야 하는 넓은 분야의 과학으로 외연을 확장하게 되었다.

베게너는 지질학의 연구 대상을 2차원에서 3차원으로 변환시킨 창조과학자이다. 베게너가 이런 획기적인 생각을 하게 된 바탕은 다름 아닌 19세기에 접어들면서 마침내 완성을 보게 된 세계지도였다. 당시 세계지도를 제작할 수 있었던 것은 수백 년 동안 이용된 나침반이 없었더라면 절대로 불가능한 과업이었다.

자석과 나침반

고대 그리스의 탈레스(Thales of Miletus)는 자성 (magnetism)이 무엇인지 알고 있었으며, 자석(magnet)을 이용했던 것으로 알려져 있다. 탈레스는 소아시아의 마그네시아(Magnesia) 지방 인근에서 발견된 암석에 대한 설명을 하면서 '자석'에 대해 언급하였다. 'magnet'는 이 도시 이름에서 유래한 것이다. 아리스토텔레스에 따르면 탈레스는 자석이 일종의 영혼을 가졌다는 생각을 하였다고 한다. 보이지는 않지만 존재하는 힘, 즉 자력(magnetic force)에 대해 당시로서는 최고의 추론이라고 할 수 있다. 아리스토텔레스 이후 오랜 시간이 흐른 뒤, 중국에서는 이와 유사한 암석에서 뽑아낸 쇠를 가지고 바늘 모양으로 물건을 하나 만들었다. 이것이 바로 남-북 방향을 가리키는 자석, 즉 나침반(羅針盤, compass)이다. 나침반은 중국의 4대 발명품 중 하나이다.

자석의 성질과 관련하여 최초로 기록되어 있는 책인 『관자(管子)』에는 "자석의 아래에 금과 구리가 있다"는 내용이 나온다. 금과 구리는 자성이 없지만 매우 귀하게 취급받던 금속으로, 당시 사람들의 관심을 끌기 위한 시도였던 것 같다. 아니면 금속에 대한 구분이 아직 이루어지지 않아 분류가 미비했을 수도 있다. 『여씨춘추(呂氏春秋)』에는 자석은 철을 부르거나 또는 끌어들이는 성질이 있다는 기록이 있다. 자성을 갖는 철과 자석이 서로 잡아당기거나 붙는 현상을 기술한 것이다. 자석(磁石)이란 마치 '자상한 어머니가 아들을 부르는 것 같다'는 뜻이다.

자석은 나침반이 아니다. 나침반을 자석으로 만들었을 뿐이다. 따라서 실제로 제작된 나침반은 중국 전국시대의 '사남(司南)'이 만든 것이 처음이다. 사남은 경도(hardness)가 5.5~6.5인 천연 자석을 이용하여 나침반을 만들었다. 나침반을 제작하는 과정이 왕윤(王充)의 저서 『논형(論衡)』에 다음과 같이 기술되어 있다. "천연 자석을 숟가락 모양으로 만든 다음에 손잡이 부분이 남쪽 방향을 가리키게 한다. 중앙 부분에 중심을 잡고 지반(持盤)에 올려놓은 다음, 사방에 간지를 새겨 24방향을 표시한다."

이후 나침반은 자석이 아닌 보통의 쇠를 이용하여 인공적으로도 만들었는데, 북송 시대의 『무경총요(武經總要)』에는 인공자화법에 대한 기록이 다음과 같이 남아 있다. "붉게 달군 철을 지구의 자오선 방향으로 놓고 지구 자기장을 이용하여 자화시킨다." 같은 시대의 저서 『몽계필담(夢界筆談)』에도 인공자화법에 대한 기록이 있다. 여기에는 자석을 바늘에 비벼 바늘이 자성을 갖도록 하는 네 가지 방법이 소개되어 있는데, 그 가장 신뢰할 만하다고 여겨지는 항목이 누현법(縷懸法)이다. 누현법은 지남철의 한가운데 촛농을 바르고 명주실 한 가닥을 붙여 바람이 없는 곳에 걸어 놓아 방향을 가늠하는 것이다. 또 다른 인공자화법은 지남어(指南魚)인데, 물고기 모양으로 만든 얇은 쇳조각을 숯불에 구운 다음 꺼내어 머리는 남쪽, 꼬리는 북쪽을 향하도록 놓은 다음 식혀 가면서 자화시키는 방법이다.

나침반은 고대 중국에서 매우 다양하게 이용되었는데, 군사, 농업 및 지형 측량과 특히 항해를 할 때 이용하였다. 세계 항해 역사상 최초의 나침반 사용 기록이 있는 『평주가담(萍洲可談)』에는 다음과 같은 글귀가 있다. "선장은 지리에 매우 밝다. 밤에는 별을 보고 낮에는 해를 보며 날이 흐릴 때는 나침반을 보기 때문이다."

항해에 나침반을 이용하기 시작하면서부터 항해지도가 제작되었는데, 바로 침로(針路)이다. 침로는 서로 다른 항로에서 나침반 바늘의 위치를 하나하나 연결한 지도이다. 원나라 때에는 항해를 마치게 되면 나침반 중 어느 바늘을 항해 시 선택하여 이용하였는지 등, 항해 관련 일거수일투족을 자세히 표시하도록 하여 항해의 주요 근거가 되도록 침로를 다듬어 갔다고 한다. 그리스와 중국에서 자석 또는 나침반이 보여주는 기이한 현상을 목격하거나 이용할 수는 있었으나 자력이 무엇인지 또한 나침반의 원리까지는 이해하지 못하였다. 지구 내부에 엄청난 힘이 있음을 몰랐던 것이다. 그 힘을 찾아보자.

지구 자기장

나침반은 자기장이 지구의 내부에 존재한다는 것을 지시해 주는 하나의 도구에 지나지 않는다. 나침반이 일상생활에 중요하게 인식되는 이유는 지구 자기장의 북극과 남극, 즉 자북과 자남이 지구의 진북 및 진남과 거의 같은 지점에 위치하고 있어 우리가 방향을 가늠하는 데 이용할 수 있기 때문이다. 지구 자기장은 지구 중심의 내핵이 철(Fe)로 된 영구 막대자석으로 되어 있어 발생하는 것으로 보아도 크게 틀린 것은 아니다

그러나 이에 대한 반박 이론도 있는데 다음은 그중 몇몇이다. 1) 퀴리

온도(Curie temperature) 이상에서는 어떠한 물질이든지 영구 자성을 잃게 되는데 대체로 퀴리 온도는 용융(고체가 녹아서 액체로 변하는 현상) 온도보다 매우 낮다. 따라서 유체인 외핵과 고체인 내핵의 온도도 용융 온도보다 그리 많이 낮다고는 생각되지 않기 때문이다. 2) 지구 자기장은 시간이 지남에 따라 방향뿐만 아니라 세기도 변하게 된다. 바로 지구 자기장의 영년변화(secular variation)이다. 이와 같은 현상을 막대자석과 관련된 이론으로 설명하기가 쉽지 않다.

영년변화는 자기장의 서편 현상을 포함하여 불규칙한 현상 중 하나이며, 복각과 편각 그리고 자기장의 세기가 점진적으로 변하는 것이다. 서편 현상은 1692년 핼리(E. Halley)가 밝혀냈는데, 지금도 1년에 0.5° 정도씩 자기장이 서쪽으로 이동하고 있다. 이러한 현상이 나타나는 이유는 아마도 지구가 자전할 때 외핵이 맨틀보다 느리게 회전하고 있기 때문인 것으로 추정만 하고 있다.

복각은 자기장의 방향과 나침판의 바늘이 만드는 각도이다. 16세기 중반 독일의 신학자 하트만(G. Hartmann)이 복각을 발견한 것으로 알려져 있다. 편각은 진북과 자북이 꼭 일치하지 않아서 생기는 어긋난 각도를 말한다. 편각은 이탈리아 제노아 출신으로 탐험가이자 항해가인 콜럼버스(C. Columbus)가 네 번에 걸쳐 대서양을 횡단하던 도중에 발견하였다.

지구의 복각과 편각 및 지구 자기장의 세기는 지구 자기의 3요소라 하며, 매년 각각의 크기와 방향이 변하고 있다. 항해를 하면서 나침반을 이용하여 얻은 정보를 바탕으로 세계지도를 만들어 가던 유럽의 중세로 가보기로 하자.

세계지도

　　지금으로부터 500여 년 전 유럽 여러 나라의 뉴 프런티어(New Frontier)는 해양이었다. 해양강국이 된다는 것은 곧 세계를 지배할 수 있는 잠재력을 갖는 것이었다. 따라서 많은 나라가 해양 진출을 시도하면서 바야흐로 '탐험의 시대'가 열리게 되었다. 대표적인 선두주자는 포르투갈의 마젤란(F. Magallanes)이었다. 16세기 마젤란의 세계일주 항해 성공은 '지구가 둥글다'는 것을 증명했음은 물론이고, 항해 중 얻은 지리 및 천문 정보는 세계지도를 제작하는 데 필수 데이터가 되었다.

　세계일주 항해를 가능케 한 가장 중요한 요인으로 첫 번째를 꼽는다면 무엇이었을까? 마젤란의 영도력, 거대한 범선, 용감한 선원 등도 첫 번째가 될 수 있겠지만, 가장 중요한 것은 중국으로부터 이슬람 세계를 거쳐 유럽으로 전해진 나침반이라 할 수 있다. 나침반을 이용한 항해에서 마젤란과 콜럼버스를 비롯한 수많은 탐험가들이 당시 전 세계에 걸쳐 획득한 지리 정보를 토대로, 1527년경 세계지도가 처음으로 제작되었다.

　이 지도에는 북·중·남 미주 대륙의 동쪽 해안과 유럽은 물론, 특히 아프리카의 서부 해안이 매우 상세하게 도시되어 있었는데, 대서양을 중심으로 양쪽 해안선의 굴곡을 끼워 맞추면 꼭 들어맞을 것 같은 모양이었다. 당시 지도 제작에 관여했던 사람들은 마치 미주 대륙이 유럽 및 아프리카 대륙으로부터 찢겨져 나간 것이 아닌가 하는 의견을 내놓곤 하였다 한다. 15~16세기 영국의 철학자이자 과학자인 베이컨

(F. Bacon)은 당시 세계지도에 나타나 있는 대서양 양안 해안선의 유사성은 우연한 것이 아니라 거대한 자연현상이 필연적으로 개입하여 이루어낸 것이라는 의견을 피력하기도 했다.

　이후 세계지도는 시간이 흐르면서 점점 정확도를 높여 갔다. 대륙의 해안선뿐만 아니라 대륙 지형이 자세하게 표시되고 도시됨은 물론, 더 나아가 바다가 차지하고 있는 곳의 밑바닥 모양까지 도시할 수 있을 만큼의 수준으로 지도 제작의 영역과 수준이 한층 높아졌다. 19세기 후반에는 바다의 깊이를 재는 측심법이 개발되면서 유럽과 신대륙 사이에 있는 대서양에서 바다의 깊이를 집중적으로 측정하게 되었다.

　초기에 사용한 방법은 추를 이용하여 직접 깊이를 재는 것이었으나, 20세기 초반에 들어서면서 음파를 이용한 측심법(echo sounding)이 개발되어 이용되었다. 이것은 획기적인 수심 측정 방법으로 전 세계의 바다 지형을 꼼꼼하게 조사할 수 있도록 해주었으며, 1960년대 접어들면서 세계 해저 지형도는 드디어 거의 완성 단계에 이르렀다.

대륙이동설

　　　독일의 마르부르크(Marburg) 대학에서 기상학과 우주물리학, 그리고 천문학을 강의하던 전임강사 베게너(A. Wegener)는 1912년 1월 6일 프랑크푸르트(Frankfurt)에 소재하고 있는 젠켄베르크 자연사박물관(Senckenberg Museum)에서 개최된 지질학 분야 소분과 모임에서 '대륙이동(continental drift)'에 대한 자신의 견해를 처음으로 발표하였다.

베게너는 1911년 어느 날, 학교 도서관에서 남아메리카의 브라질과 아프리카는 한때 붙어 있었던 게 아닐까 하는 과학 잡지에 실린 기고문을 읽은 다음, 대륙이동에 대한 아이디어는 물론 이에 대한 확신을 뚜렷하게 갖게 된 것 같다. 숲 안에서는 나무만 보게 된다. 숲 전체를 보기 위해서는 높이 올라가야 한다. 요즘에는 카메라가 장착된 드론을 이용하면 된다. 지질학계에 몸담고 있지 않았던 베게너는 지질학이라는 숲을 기상학자로서 어느 정도 하늘 높이 올라가 바라본 것이었다. 자신이 평생 스스로 짊어지게 될 무거운 짐과 함께 멍에가 된 '대륙이동'을 주장하면서 고난과 오욕 그리고 멸시의 길을 걸어야만 했던 베게너 덕분에 우리는 지구를 한층 더 폭넓게 이해하면서 한 차원 더 높아진 과학 세상에 살게 되었다.

베게너의 대륙이동설은 1960년대에 이르러 미국 프린스턴 대학의 지질학과 교수인 헤스(H. Hess)가 주창한 해저확장설(sea-floor spreading theory)과 만나면서 판구조론(plate tectonics)으로 우뚝 서게 되는 시발점이 되었다. 북극권역에 있는 석탄층의 존재도 판구조 이론을 이용하면 아주 명쾌하게 설명할 수 있다.

이 책은 태양계 안에서 지구의 존재 이유와 더불어 지구의 생성 이후 이어진 진화 과정을 더듬어 보고 있다. 진화 과정의 하이라이트인 판구조론과 판의 운동에 필요한 힘을 제공해 주는 지구 내부의 구조와 동력성, 그리고 각 구조의 광물 조성 내용이 바로 이 책의 핵심 포인트이다.

02

우주와
지구

우주와 지구

지구 바깥으로 눈을 잠시 돌려 보기로 하자. 그러면 곧장 다음과 같은 의문이 뇌리를 스칠 수도 있다.

첫째, 우주에는 태양계와 같은 곳이 있을까? 둘째, 과연 그곳 태양계에는 우리 인류와 같은 생명체가 존재하고 있는 것일까? 은하(galaxy)에는 약 1000억 개의 별이 있고, 우주(universe)에는 이와 같은 은하가 약 1000억 개 정도 있다고 한다. 따라서 우주에는 약 10,000,000,000,000,000,000,000개의 별이 있다. 태양계의 별(star)은 '태양' 하나뿐이다. 별이 행성(planet)을 거느리면 항성계(stellar system)라고 하는데, 어떤 항성계에 예속된 행성 중에서 생명체가 살 수 있는 조건을 가진 행성이 단 한 개라도 있을 확률이 1조분의 1이라고 가정하면 생명체가 존재할 수 있는 행성의 수는 100억 개가 된다.

그런데 생명체가 존재하고 있을 수도 있는 100억 개의 행성 중에서 지적 능력을 가진 생명체가 진화하고 있을지도 모른다고 가정을 할 경우, 이런 가정의 확률이 전체 100억 개 행성 중 단 1%만 된다고 하더라도 고등생명체가 존재할 행성의 수는 1억 개에 이른다. 만약 1억 개 행성 중에서 1%만 인류 문명을 앞섰다고 가정해도, 100만 개에 달하는 행성의 생명체들이 지구를 능가하는 문명을 구가하고 있다는 결론에 도달한다. 칼 세이건(Carl Sagan, 1934~1996)이 말했듯이 이 넓은 우주에 우리 항성계에만 생명체가 존재한다면, 그건 분명히 너무나 큰 공간을 낭비하는 것이 된다.

외계 지적 생명 탐사 프로젝트, SETI

세티는 외계 지적 생명 탐사(Search for Extra-Terrestrial Intelligence, SETI) 프로젝트이다. 세티의 목표는 지구 밖 외계에서 생명체를 찾아내는 것이다. 그러나 세티에 참여하고 있는 과학자는 어느 누구도 외계인을 실제로 직접 만날 것이라는 기대는 아예 하고 있지 않다. 대신 프로젝트가 추구하는 궁극적인 목표는 외계로부터 오는 일정한 패턴을 지닌 신호를 감지하는 것이다. 지금은 지구의 신호를 외계로 내보내는 것도 세티 프로그램에 포함되어 있다.

세티 프로젝트는 1984년 미국 정부의 지원으로 시작되었으나, 현재 정부의 도움은 상당히 축소되고 대신 민간 후원과 자원봉사자에 의해 운영되고 있다. 정부의 지원이 축소된 이유는 외계 생명체를 발견한 성과가 전혀 없었기 때문이다.

그러나 여기서 한 가지 짚어 봐야 할 것은 프로젝트 성공 확률이 0.000001%도 안 된다는 예상에도 불구하고, 미국뿐 아니라 전 세계에서 세티에 참여하는 과학자의 수는 물론 일반 대중의 관심 역시 점점 늘어나고 있다는 사실이다. 이와 더불어 미미한 정부 지원에 비해 민간의 경제적 후원은 지속적으로 증가하고 있다.

그 이유가 무엇일까? 인간의 호기심? 종교적 위상? 인류 문명을 압도할 수도 있는 외계인에 대한 경외감? 지구 문명에 대한 자괴감? 이 모든 것이 참여도 증가의 이유일 수도 있고 동시에 아닐 수도 있다.

오늘날 우리가 외계 생명체를 직접 만날 확률은 없다. 지구 인류의 문명보다 고도로 발달한 외계 문명을 직접 접할 수 있는 기회 또한 없다. 확률은 모두 제로(0)이다. 확률이 제로인 가장 큰 이유는 외계 생명체가 존재한다고 해도, 너무나 멀리 떨어져 있기 때문이다. 아무리 가깝다고 해도 지구로 날아와 자신들의 모습을 직접 보여주기는 불가능할 정도로 멀리 떨어져 있다. 대신 우리가 외계의 지적 생명체로부터 일정한 패턴을 지닌 신호를 만약 받기라도 한다면, 그들은 분명 우리가 상상할 수 없을 정도의 문명을 지닌 고등생명체일 것이다. 우리는 외계 생명체가 보내는 일정한 패턴을 지닌 신호를 통해 외계 생명체의 존재를 인지할 수가 있다.

1967년 버넬(Jocelyn Bell Burnell, 1943~)은 은하를 관측하다 주기가 1초를 약간 상회하는 맥동(pulsation)을 발견하였다. 바로 펄사(pulsar)이다. 당시 천문학자들은 펄사의 물리적 특성에 대해 잘 알지 못했다. 버넬이 발견한 펄사는 우주에서 날아온 신호의 주기적 현상인 것으로 나중에 밝혀졌다. 따라서 이러한 맥동은 지적 생명체로부터 기원한 것은 아니며, 천체의 물리학적 현상의 결과였다는 점에서 다른 주기적인 신호들 역시 그럴 가능성이 다분히 있다는 점을 새삼 깨닫게 하는 계기가 되었다.

우리가 외계에 지구의 신호를 보내게 된다면 어떤 패턴이어야 할까? 천체물리학자 세이건(C. Sagan)이 제안한 소수(prime number)를 통해 전송하는 방식이 가장 단순하면서도 체계적인 패턴일 것이라며 많은 학자들이 추천을 하고 있다. 추천 이유는 소수 패턴을 만들어내는 비생물학적 물리시스템은 결코 존재하지 않는다는 점이다. 그러나 역으로 생각해 보면 우리가 아직까지 소수의 패턴을 만들어낼 수 있는 비생물학적 과정을 발견하지 못했을 수도 있다. 호킹(Stephen Hawking, 1942~2018)은 세티에 대해, 외계의 생명체를 찾기 위해 외계 생명체에게 우리의 존재를 알리려는 작업은 무모하고 위험한 행동이며 상상할 수 없는 엄청난 결과를 초래할 수도 있다고 경고했다.

하지만 인류의 지적 호기심이 없어지지 않는 한, 이러한 시도는 결코 사라지지 않을 것이다. 이렇게 인류의 호기심과 더불어 모험 본능을 자극하는 미지의 공간인 우주, 은하, 은하수 그리고 우리가 속해 있는 태양계를 한번 살펴보도록 하자.

우주, 은하계, 태양계

우주에는 수없이 많은 은하계(galactic system)가 있으며, 은하계는 수없이 많은 은하로 구성되어 있다. 은하수는 은하에서 가장 쉽게 관측되는 영역이다. 태양계는 은하의 중심으로부터 대략 8kpc 정도 떨어진 나선형 팔에 위치하고 있다. 1kpc는 3,260광년이다. 태양계는 태양과 8개의 행성, 왜소행성, 행성에 딸린 위성, 다수의 소행성, 그리고 혜성으로 이루어져 있다. 태양계가 속한 은하수를 우선 살펴보기로 하자.

은하수 : 밤하늘에는 수없이 많은 별이 있다. 낮에도 물론 똑같은 별이 그 자리에 있지만 햇빛 때문에 우리가 볼 수 없을 뿐이다. 은하계의 항성(star)은 질량, 밝기, 색 및 화학 조성 등이 서로 다르지만, 궤도는 디스크의 안쪽 중앙부에 집중되어 있는 구도이다. 은하를 이루고 있는 항성은 두 개의 나선형 팔에 위치하고 있다. 만약 우리가 매우 먼 거리에서 은하를 볼 수 있다면, 위에서 본 모양은 우리나라 태극기의 가운데 문양과 꼭 닮은꼴일 것이다. 옆에서 본다면 디스크

모양이다(그림 2-1). 은하의 디스크 한쪽 끝에서 다른 쪽 끝까지 거리는 10만 광년으로 추산된다. 1광년(light year)은 빛이 1년 동안 갈 수 있는 거리이며, 약 10^{13}km이다.

은하계 디스크를 따라 우주 공간을 쳐다보면 하늘을 가로질러 별들이 집중되어 있는 띠를 하나 볼 수 있는데, 이 띠가 바로 은하수이다. 우리나라 동요에 등장하는 은하수는 푸른 하늘이며 쪽배가 떠다니고 있다. 지구에서 은하수가 개울같이 보이는 이유는 태극마크를 닮은 디스크의 띠 중심부를 따라 별들이 빽빽하게 모여 있기 때문이다. 서양인들은 개울 대신 우유가 넘실대는 길(Milky Way)로 묘사를 하였다. 은하수 안에는 항성 이외에 많은 성운(clouds)이 존재하는데, 성운은 가스와 고체 입자인 성진(star dust)으로 채워져 있다. 태양계는 은하계 중심에서 머리 떨어진 은하수 디스크의 변두리 한쪽에 위치하고 있다.

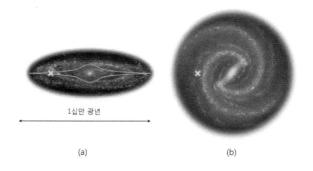

1십만 광년

(a)   (b)

그림 2-1 은하의 모식도

(a) 단면도. 디스크 모양이 선으로 표시되어 있다. (b) 평면도. 나선형으로 회전하는 나선팔의 중심부 은하핵에 거의 모든 항성이 위치하고 있다. 태양계의 위치는 'X'로 표시되어 있다.

태양

태양은 우리 항성계의 중심이며 유일한 별이다. 태양의 질량은 지구의 3.43×10^5배이며, 태양계 전체 질량의 99.86%를 차지하고 있다. 목성은 행성 중에서 가장 크지만 태양 질량의 0.01%에도 미치지 못한다. 그러나 목성은 나머지 행성과 소행성 및 위성 모두를 합한 질량을 능가한다.

태양의 지름은 약 1.39×10^6km이며, 태양의 평균 밀도는 1.4g/cm², 자전 주기는 27일이며 자전 궤도 경사는 7°이다. 태양의 자기장 세기는 지구의 300만 배가 넘는다. 태양의 표면 온도는 약 6,000K이고, 중심부의 온도는 1,500만K, 중심부 압력은 2,500만GPa로 추정하고 있다.

압력 단위는 GPa(Giga Pascal)인데, 1GPa는 10,000bar이다. 즉 1기압의 1만 배이다. 1파스칼(Pascal, Pa)은 1kg의 힘이 면적 1m²에 작용하는 압력이다. 프랑스의 철학자이자 과학자인 파스칼(B. Pascal)의 연구 업적을 기려 이와 같이 명명되었다.

태양을 중심으로 모든 행성은 공전 운동을 하고 있다. 공전 궤도면은 태양의 적도 면과 거의 일치한다. 이와 같이 궤도가 일치한다는 것은 태양계의 모든 행성이 거의 같은 시기에 생성되었음을 시사해 준다.

태양 표면으로부터 관찰할 수 있는 현상과 조직들에는 다음과 같은 것들이 있다. 먼저 광관은 태양이나 다른 항성을 둘러싸고 있는 플라즈마 아우라(plasma aura)이다. 침상체는 태양의 채층(chroma sphere)에 있는 지름이 500km 정도 되는 역동적인 제트 흐름이다. 모양이 뾰족한 침같이 보이며, 1877년 이탈리아의 천주교 신부인 세치(A. Secchi)

가 발견하였다. 광구는 태양의 빛이 방사되어 나오는 외각 부위이다. 홍염은 보통 루프 모양으로 태양 표면으로부터 밖으로 뻗어 나가는 거대한 가스의 흐름으로 매우 밝다. 흑점은 태양의 광구에서 강한 자기 활동을 보이며 주변에 비해 1,000~2,000K 정도 온도가 낮다. 태양 내부의 대류를 방해하려는 자속(magnetic flux)이 집중되면서 일시적으로 나타나는 현상이 흑점이다.

태양의 내부는 대류층, 복사층 그리고 중심부에 핵이 있는 층상 구조로 이루어져 있다(그림 2-2). 태양을 구성하는 수소는 핵융합을 하면서 에너지를 발생시키며 무거운 원소인 헬륨(He)이 된다. 수소의 핵융합은 태양의 중심에서 일어나는데, 이때 생성된 열은 복사에 의해 바깥쪽으로 전달되며, 헬륨이 중심부를 차지하게 된다. 이렇게 중심부에 모인 헬륨은 태양의 핵으로 계속 성장한다. 핵이 점점 커지게 되면 태양은 팽창하면서 거대하게 성장한 다음, 표면이 냉각되면 적색거성(red giant)이 된다. 50억 년 후에 적색거성이 된 태양은 수성을

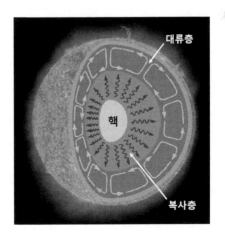

그림 2-2
태양 내부 층상구조의 모식도.
핵의 열이 전달되는 메커니즘에 따라 복사층과 대류층으로 구분된다. 태양의 표면인 광구에는 광관, 홍염, 침상체, 자기호, 흑점 등이 나타난다.

빨아들이며 더욱 커지게 될 것이다. 동시에 핵은 아주 천천히 수축하면서 온도가 상승하게 되면 헬륨은 핵융합에 의해 탄소(C)-산소(O)가 되며, 계속하여 탄소-산소층 아래에 규소(Si)층이 만들어지고, 마지막으로 철(Fe)이 태양 중심에 생성되면서 태양 내부는 층상구조를 이루게 된다. 이 단계에서 적색거성인 태양은 마침내 초신성(supernova)이 된다. 초신성은 폭발할 일만 남겨놓은 상태이다.

이러한 태양의 운명은 바로 태양계의 운명이기도 하다. 태양은 태양계 내에서 모든 면에 있어 절대적이다.

행성

태양계에 속한 8개 행성의 크기와 밀도, 구성 성분, 대기, 공전 주기, 자전 주기와 자전 방향 등에 대한 정보와 지식은 태양계를 이해하는 데 매우 중요하다.

이러한 행성 중에서 '우리의 지구(Our Planet Earth)'는 태양계 내의 정보와 데이터가 소장되어 있어, 우주를 연구하고 개발할 때 요구되는 지식을 제공하고 검색할 수 있도록 지원하는 연구소 겸 지식공작소이자 도서관이라 할 수 있다. 행성 지구를 연구해서 얻은 지식은 나머지 행성은 물론 태양계 전반을 이해하는 데 하나의 기준(standard)과 참고(references)가 될 수 있다. 인류가 태양계를 포함한 우주에 대해 관심을 갖고 연구를 시작한 이래, 지금까지 누적된 모든 정보가 저장되어 있으며 언제든지 꺼내 볼 수 있는 데이터베이스가 바로 지구인 것이다.

8개 행성은 타원형의 공전 궤도를 따라 같은 방향으로 공전하고 있으며, 각 행성에 딸린 위성 역시 공전 방향은 같다. 모든 행성은 자전을 하지만 방향이 다른 행성이 있다. 금성(Venus)과 천왕성(Uranus)을 제외한 나머지 행성은 반시계 방향으로 자전을 한다.

행성을 화학 조성과 크기에 따라 구분하면, 지구형 행성은 수성· 금성·지구·화성이고, 목성형 행성은 목성·토성·천왕성·해왕성이다. 지구형 행성의 특징은 크기가 작고, 밀도가 높으며($3.9\sim5.5g/cm^3$), 철(Fe)· 마그네슘(Mg)·규소(Si)·산소(O_2) 등으로 구성되어 있다. 지구형 행성의 대기는 지구의 경우 N_2와 O_2이며 금성과 화성은 CO_2이다. 반면 수성에는 대기가 없다. 수성, 금성 및 화성은 지구와 마찬가지로 부가(accretion)와 배아충돌(embryo collision)에 의해 생성되었다. 이에 비해 목성형 행성인 목성·토성·천왕성 및 해왕성은 크기가 크고, 밀도가 낮으며($0.7\sim1.7g/cm^3$), 행성의 표면 부위는 수소(H_2)·헬륨(He)·메탄(CH_4) 등으로 구성되어 있다.

2006년 8월 24일 체코 프라하에서 열린 국제천문학연맹(International Astronomical Union, IAU)은 명왕성(Pluto)을 태양계 행성 반열에서 제외시킨 다음 왜소행성(dwarf planet)으로 분류하였다. 제26차 IAU 총회에서 '행성 정의 결의안'에 대한 찬반투표를 실시하여 행성을 새롭게 정의한 데 따른 것이다. 새롭게 결정된 정의에서 행성은 첫째 태양 주위를 공전해야 하고, 둘째 충분한 질량을 갖고 있어 자체 중력으로 유체역학적 평형을 이루며 구형에 가까운 형태를 유지할 수 있어야 하고, 셋째 행성이 위치하고 있는 영역에서 주도적이며 지배적인 역할을 해야 한다.

IAU는 명왕성이 해왕성(Neptune)과 궤도가 겹칠 뿐만 아니라 주변에 비슷한 크기의 왜소행성이 있다는 이유로 행성계에서 퇴출시켰다. 명왕성이 새로운 기준을 만족시키지 못한다고 판단한 것이다. 그리하여 행성으로 지정할 것인가를 둘러싸고 논란을 빚던 화성과 목성 사이의 세레스(Ceres)를 비롯하여, 명왕성 인근의 카론(Charon) 및 제나(Xena)와 함께 명왕성은 왜소행성이 되어 버렸다. 이날 이후, 태양계 행성은 아홉 개에서 여덟 개로 줄어들었다.

소행성(asteroid)대는 화성과 목성 사이에 있다. 지구형 행성을 구성하는 크기가 작은 물질들이 모여서 태양 주위를 공전하고 있다. 1801년 1월 1일, 당시 이탈리아 시칠리아의 수도사였던 피아치(G. Piazzi)가 현재의 소행성대에서 세레스를 발견했는데, 그는 세레스가 처음에는 행성일 것으로 확신하였다. 그러나 크고 작은 소행성들이 뒤를 이어 계속 발견되면서 세레스는 행성이란 지위에서 밀려나고 말았다. 세레스 발견 이후 21세기 초반까지 발견된 소행성의 수는 23만 개가 넘는다.

각각의 소행성에는 코드명(code name)이 부여되어 있다. 소행성 중에서 지름이 200㎞ 이상 되는 덩치 큰 소행성은 지속적으로 추적·관찰·감시하고 있다. 이렇게 주시하는 이유는 만약의 경우 덩치가 큰 소행성이 지구를 향할 경우 최악의 재난이 발생할 가능성을 배제할 수 없기 때문이다. 소행성대에는 아마도 10억 개 정도의 소행성이 있을 것으로 예상된다. 지구에 떨어지는 운석의 대부분은 소행성대로부터 날아온 것이다. 소행성대는 운석의 고향인 셈이다.

소행성의 날 : 2015년 UN은 매년 6월 30일을 '소행성의 날(Asteroid Day)'로 지정한다고 공표하였다. 1908년 6월 30일, 러시아 시베리아의 퉁구스카(Tunguska) 강 인근에 지름이 약 37m, 무게가 약 10만 톤이 넘는 소행성 또는 혜성으로 추정되는 물체가 지면과 가까운 공중에서 폭발하는 사건이 발생하였다. 그로 인해 약 2,000㎢에 달하는 산림이 초토화되었다. 사람이 살고 있지 않던 지역이라 다행히 인명피해는 발생하지 않았으나, 아쉽게도 목격자 역시 없었다. 이에 따라 충돌체에 대한 논쟁은 최근까지 이어지고 있다.

2010년 러시아 조사팀은 충돌로 인해 흩어졌던 물체의 파편으로 추정되는 얼음 조각을 분석한 결과, 혜성이 모체라는 주장을 하였다. 그러나 이로부터 3년 후 시행된 미국·유럽 공동연구팀은 철 운석이 충돌한 것이라는 상반된 결과를 발표하였다.

이날을 '소행성의 날'로 지정한 것은 소행성에 대한 지식을 함양하여 지구와 지구인 그리고 미래의 지구인을 보호하기 위해서이다.

수성 : 수성(Mercury)은 행성 중에서 크기가 제일 작아 지름 기준으로 지구의 0.4배밖에 안 된다. 태양과 제일 가까워 0.39AU 떨어져 있으며, 공전 주기는 88일이다. 수성의 이름은 로마의 신 머큐리에서 따왔는데, '신의 전령사'란 뜻이다.

수성의 밀도는 매우 높은데, 핵이 전체 부피의 약 50%를 차지하고 있기 때문이다. 맨틀의 규산염 광물은 상당 부분 생성 초기에 거대한 충돌로 인해 기화되었을 것으로 추정하고 있다. 운석과 매우 심하게 충돌한 표면에는 크레이터(crater)가 많아 마치 달의 표면과 비슷하다.

수성에도 자기장이 형성되어 있으나, 세기는 지구의 0.066%에 불과하다.

금성 : 금성(Venus)은 오랫동안 지구와 쌍둥이 별로 생각되어 왔다. 태양으로부터 0.72AU 떨어진 곳에 위치하며 크기는 지름 기준으로 지구의 0.9배, 질량은 81.5%이다. 평균 밀도는 수성에 비해 조금 낮은 5.2g/㎤이며, 중심 압력은 256GPa이다. 지구는 각각 5.5g/㎤, 360GPa이다. 따라서 크기와 무게만 보면 쌍둥이 같다.

그러나 최근의 탐사 결과, 두 행성은 차이점이 많다는 사실이 밝혀졌다. 우선 금성의 대기압은 90기압 정도이며, 대기 온도는 730K이다. 대기층의 두께는 매우 두껍고, 밀도가 높은 CO_2가 주성분인데 부식성이 강한 황산기가 섞여 있다. 금성 표면에는 물이 없기 때문에 CO_2나 SO_2가 대기 중에 남아 금성의 지체 구조 발달에 큰 영향을 준 것 같다. 지구 표면과 같이 암석이 매우 다양하게 발달할 수 있는 조건이 아니었다.

탐사선 마젤란(Magellan)은 1990년 금성 표면에 착륙하여 화산 활동의 증거와 함께 확장 및 압축 변형을 받은 넓은 지역을 포착하였다. 물은 금성 표면이 아니라 맨틀 깊은 곳에 위치한 부분 용융대에 존재할 것으로 믿어지고 있다. 이곳의 물은 맨틀 대류에 의해 발생한 응력의 상당량을 흡수하는 역할을 하는 것 같다.

화성 : 화성(Mars)은 태양으로부터 1.52AU 떨어진 곳에 위치하며, 지름은 지구의 절반 정도이다. 지형은 매우 다양한데, 오래된 지각은

분화구 모양으로 높은 고도에 위치하며, 상대적으로 연령이 젊고 분화구가 없는 평원의 고도는 낮다. 고도가 낮은 평원은 현무암 대지로, 거대한 화산 작용의 결과 생성되었다. 화성에서 화산 활동은 10억 년 전쯤에 멈춘 듯한데, 중단된 이유는 암권이 두꺼워지면서 강성이 증가하여 마그마가 통과할 수 없었기 때문인 것으로 추정된다.

화성의 반경은 지구의 약 53%, 질량은 약 11%이며 밀도 역시 낮아 3.9g/㎤이다. 화성의 중심 압력은 44GPa 정도이다. 화성에도 역시 자기장이 형성되어 있는데, 세기는 지구의 0.03% 정도이다. 화성은 지구보다 크기가 작아서 내부 열의 유출이 보다 쉬웠을 것으로 추정된다. 현재 화성 표면의 온도는 212K로 매우 낮으며, 대기권 역시 매우 엷어 대기압은 지구의 0.6%에 불과하다. 그러나 과거에 화성은 따뜻하고 습기가 많았던 것 같다. 침식작용에 의해 형성된 하도의 모양이 매우 뚜렷하게 존재하기 때문이다.

미국의 탐사선 바이킹(Viking)이 1976년에 지진계를 화성에 설치한 이후, 지진(marsquake, 화진)은 1977년 단 한 차례 감지되었다. 화진이라고 인정할 수 있는 진동이었다. 화진은 자주 발생하지 않지만 발생 가능성이 없다고 단정하는 것은 섣부른 판단이다.

1997년 처음으로 화성에 착륙한 소저너(Sojourner)에 이어, 스피릿(Spirit)이 2004년 1월 4일 화성의 적도 남쪽 구세프(Gusev) 분화구에 착륙하였다. 미국의 두 번째 화성 탐사선이었다. 지름이 166㎞인 구세프 분화구는 약 30억~40억 년 전에 생성된 것으로 추정되는데, 스피릿은 분화구에서 과거 호수의 흔적을 발견하였다. 스피릿은 암석에 처음으로 구멍을 뚫는 데 성공하여 화성의 암상을 규명할 수 있는 단초를 제공하였다.

　같은 해 1월 25일에는 오포튜니티(Opportunity)호가 메리디아니 고원(Meridiani Planum)에 착륙하였는데, 이 고원은 구세프 분화구의 반대쪽에 위치하고 있다(그림 2-3). 이 고원에서 발견된 적철석(hematite) 결정은 과거에 열수가 분출했던 지역으로 볼 수 있는 지질학적 증거이다. 오포튜니티는 화성의 물 존재 여부와 암석·토양 등에 관한 각종 정보를 수집하였다.

　이어 2008년 화성에 착륙한 탐사로봇 피닉스(Phoenix)는 과거 액체 상태의 물이 존재했음을 증명할 수 있는 탄산칼슘과 생명체 존재의 근거가 될 수 있는 작은 소금 알갱이, 얼음과 눈을 발견하였으며, 화성의 기온·압력·습도·바람 등에 대한 데이터를 전송하였다. 가장 특기할 만한 것은 화성에 눈이 내린다는 사실로, 눈이 표면에 닿기도 전에 증발해 버리는 장면이었다.

　미국은 2014년 화성의 대기 탐사를 목적으로 메이븐(Maven)호를

그림 2-3
NASA의 오포튜니티호
2004년 1월 화성의 메리디아니 평원에 착륙하였다. 쌍둥이 탐사 로버, 스피릿보다 3주 늦은 착륙이었다. 90일 동안 운행할 것으로 예상했지만 2018년에도 작동 중이다.

발사하였다. 화성 표면에서 돌풍이 부는 현상을 발견하고는 이에 대한 조사 필요성이 대두되었기 때문이다.

화성에 대한 탐사와 연구가 증가하는 이유는 지구인이 미래에 지구를 떠나 옮겨 살아야 할 행성 후보 중 화성이 첫 번째로 꼽혔기 때문이다. 이른바 '식민행성'인 셈이다.

목성(Jupiter) : 태양으로부터 5.2AU 떨어진 곳에 있으며, 표면 온도가 125K이다. 지름은 지구의 11.2배이며, 무수히 많은 위성을 거느리고 있다. 등록된 위성만 63개나 된다. 가니메데(Ganymede), 칼리스토(Callisto), 이오(Io), 유로파(Europa)가 대표적인 위성이다.

목성은 빠르게 자전하며 전기전도성이 있는 액체 영역이 내부에 있기 때문에 행성 중에서 자기장이 가장 세다. 목성 대기의 상층부는 지구의 14배 정도 강한 자기장을 보이는데, 크기를 고려하면 강도는 지구의 약 2만 배이다. 목성의 자기권에서 양성자와 전자의 운동 속도는 지구의 밴앨런대(Van Allen Belt, 그림 2-10 참조)와 마찬가지로 거의 광속에 가깝다. 목성의 자기장은 남북 방향으로는 약 3,000만km에 이른다. 이것을 지구와 비교하면 약 100만 배나 더 크다. 지구와 마찬가지로 목성의 극지에서는 거대한 규모의 오로라가 발생한다. 태양풍의 영향을 받은 목성의 자기권은 태양 맞은편 쪽으로 길게 뻗어나가 토성의 공전 궤도를 넘어서고 있다.

토성(Saturn) : 태양으로부터 9.58AU 떨어진 곳에 위치하며, 지름이 지구의 9.4배이다. 등록된 위성만 53개이다. 토성 역시 내부에 전도성 유체가 있고 자전 속도가 빠르기 때문에 강한 자기장이 형성되어 있다. 하지만 토성 내부에 있는 금속상의 수소층은 두껍지 않고 질량 역시 크지 않기 때문에 대기 상층부를 기준으로 할 때, 목성의 1/20 정도에 지나지 않는다. 토성의 고리는 토성의 표면에서부터 7만~14만 km에 해당하는 영역에 위치하며, 대부분이 얼음이고 소량의 암석 부스러기들로 이루어졌다. 고리는 폭에 비해 두께가 매우 얇은데 전체가 같지는 않지만 평균 10km 정도이다.

천왕성(Uranus) : 태양으로부터 19.2AU 떨어진 곳에 있으며, 크기는 지름 기준으로 지구의 약 4배이다. 위성은 모두 27개이다. 천왕성은 1781년 독일의 음악가이자 천문학자였던 허셀(W. Herschel)이 발견하였다. 천왕성의 대기에는 메탄이 많다. 메탄은 긴 파장의 붉은색 빛은 흡수하고 파장이 짧은 녹색을 반사하기 때문에, 천왕성이 푸르게 보이는 것이다. 천왕성에 발달되어 있는 자기장은 태양으로부터 날아온 양성자와 전자를 포획하고 있으며, 천왕성의 표면으로부터 탈출하려는 수소 입자도 함께 붙잡아 두고 있다. 천왕성의 자기장 축은 자전축과는 많이 어긋나 있다. 천왕성은 자전축이 거의 수평에 가깝게 누워 있으며, 자전 방향은 지구와 반대이다.

해왕성(Neptune) : 태양으로부터 30.13AU 떨어진 곳에 위치하며, 지름이 지구의 약 3.9배이다. 13개의 위성을 갖고 있으며, 대기에 포함된 암모니아와 메탄 때문에 푸른색으로 보인다. 천왕성이 이론에 어긋나는 운동을 한다는 것으로부터 천왕성의 뒤쪽에 또 다른 행성이 있을 것이라는 예상을 한 독일 베를린 천문대의 갈레(J. Galle)가 1846년에 발견하였다. 해왕성 자기장의 축 역시 자전축과 크게 어긋나 있다.

달, 달, 달

달은 지구의 유일한 위성이다. 비록 위성이지만, 태양 다음으로 지구에 영향을 미친다. 중력에 관한 한 달은 태양보다 훨씬 더 큰 영향을 주고 있다. 달은 태양계에서 행성 지구 다음으로 연구가 많이 되었고, 지구 생성과도 아주 밀접한 관련이 있다. 지질학의 경우, 지진 또는 화산 활동 관련 현상을 설명하는 데 양력보다는 음력이 더 잘 들어맞는 것은 이미 잘 알려진 사실이다. 달에 의해 야기되는 지구 해양의 조석간만의 차이는 지질작용의 중요한 파라미터이다. 달은 반경이 1,738km, 밀도는 3.3g/㎤, 질량은 지구의 1.2%에 지나지 않지만, 태양계 내의 위성 중에서 덩치가 가장 크다.

달의 생성 : 지금까지 연구된 달과 지구의 현무암에 대한 분석에 근거하면 지구에 비해 달은 첫째, 휘발성 원소가 결여되어 있고, 둘째 친철원소가 상당히 많이 결여되어 있으며, 셋째 경고한 친석원소가 매우 풍부하다는 것이다. 이렇게 친철원소가 부족해지려면, 행성 배아의 핵과 맨틀 물질이 분리되는 데 특별한 작용이 틀림없이 있었을 것이다.

달의 맨틀은 지구형 행성 중에서 경고원소(refractory element) 대 휘발성원소(volatile element) 비가 가장 높은 규산염 광물로 거의 구성되어 있는 것 같다. 이렇게 원소 분리가 일어날 수 있는 유일한 시나리오는 규산염 맨틀과 금속 핵으로 분화가 이미 되어 있는 배아에 부가작용이 계속되어 화성만 한 크기로 성장한 다음 지구와 충돌을 하는 것이다. 이러한 각본과 데이터를 바탕으로 컴퓨터를 이용한 달 생성 시뮬레이션(simulation)이 시행되었다.

컴퓨터 시뮬레이션에 의한 달 생성 모델은 다음과 같다(그림 2-4). 지구화학적 데이터를 만족시키면서 동시에 지구 질량의 14%에 달하는 물체가 원시지구를 향해 초당 5㎞의 속도로 다가온다. 이 물체가 충돌하자 큰 충격파가 발생하는데 충돌체의 맨틀과 지구의 맨틀 중 일부가 요동을 치게 되면서 휘발성 원소가 기화하게 된다. 이렇게 요동치던 물질의 일부가 튀어올라 일정 궤도를 만들며 회전을 하게 되었으며, 또 일부는 원시지구에 부가되게 되었고, 일부는 실종되었다.

그러나 충돌체의 핵은 밀도가 높기 때문에 지구 내부로 파고든

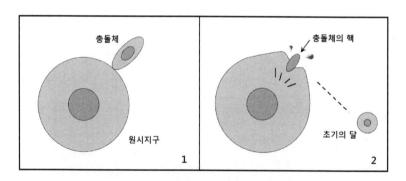

그림 2-4 달의 생성을 단순하게 묘사한 모식도
충돌체가 원시지구를 향해 돌진하다 충돌하는 동력적인 상황을 보여주고 있다(1). 충돌로 인해 상당량의 충돌체 핵이 지구로 옮겨가면서 달에 남겨진 핵의 부피는 매우 작아진다(2). 충돌체의 핵이 원시지구 핵에 부가되면서 지구는 큰 핵(전체 질량의 31%)을, 달은 작은 핵(전체의 4 % 미만)을 갖게 된다.

후에 지구 핵과 합쳐진다. 충돌한 다음 남게 된 물질은 주로 맨틀이었는데, 친철원소와 휘발성 원소가 결핍된 상태에서 빠르게 합쳐지면서 완전한 용융체로 되거나, 혹은 부분적으로 용융체가 되면서 부가되기 시작하였다. 원시지구는 충돌 후 핵으로는 금속 물질을, 맨틀로는 규산염 성분을 얻게 되었다. 충돌 결과 원시지구는 Fe/Si 비율이 높아진 반면, 달은 그 비율이 낮아졌다. 달의 화학적인 특징은 충돌에 의해 결정되었다. 이러한 충돌은 태양계 행성이 성장하던 마지막 단계에서 발생한 사건이었다.

달의 표면과 물 : 달의 고원지대는 밝게 보이고 저지대는 어둡게 보인다. 고원지대는 회장암(anorthosite)과 회장암질 반려암(anorthositic gabbro)으로 구성되어 있으며, 약 44억 년 전에 생성되었다. 달 표면은 마그마 바다로부터 밀도가 낮은 장석이 부유하면서 초기 월각이 형성된 것으로 유추된다. 44억 년에서 38억 년 전 사이에 발생했던 격렬한 충돌 작용으로 인해 저지대가 만들어진 것 같다. 연대가 39억 년에서 31억 년에 해당하는 현무암 용암이 분출하던 당시의 달은 부피에 비해 표면적이 매우 넓었던 때였다. 따라서 달 표면에서 화산 활동이 지속되기에는 지열이 점점 감소하여 소진되면서 달 표면은 냉각되고 수축되었다.

달의 극지나 고위도 지역이 아닌 중위도 지역에도 소량이지만 물이 존재한다는 사실이 확인되면서, 건조하리라던 달 표면에 예상과 달리 수분이 있다는 증거가 포착되었다. 이와 같은 증거는 3대의 달 탐사선으로부터 얻은 데이터를 분석한 것이다. 2009년 인도의 달 탐사선 '찬드리안 1(Chandrian I)'과 같은 해 미국의 혜성 탐사선 '딥 임팩트(Deep Impact)', 그리고 미국과 유럽연합의 토성 탐사선인 '카시니(Cassini-Huygens)'가 획득한 데이터가 그것이다.

2010년 NASA는 달의 북극권역에는 최소 6억 톤의 물이 존재할 것이라는 추정치를 발표하였다. 이러한 수량은 달에 기지를 건설하는 등, 공사에 소요되는 산소를 충분히 생산할 수 있는 양으로 평가되고 있다. 이 수치는 달의 북극 지역에 있는 지름이 2~15km인 크레이터 40개 이상에 대한 관측 자료를 분석한 것으로, 모든 크레이터의 내부에 물이 얼음 형태로 존재하고 있을 것으로 NASA는 추정하고 있다.

반대편인, 달의 남극에 있는 에이트켄 분지(Aitken basin)는 지름이 2,400km, 깊이가 13km인 거대한 크레이터이다. 이 크레이터 안 어딘가에도 얼음이 존재할 가능성을 다음과 같이 예상하고 있다. 즉 극지에서는 태양이 거의 수평 방향에 위치하므로 분지의 안쪽은 음지가 되고 바깥쪽은 양지가 되는데, 음지의 온도는 -170℃, 양지는 120℃가 되어 온도 차이가 무려 300℃ 가까이 되므로, 수분이 만약 음지 쪽으로 유입된다면 갑자기 얼어붙을 수 있다는 것이다. 에이트켄 분지에 물이 있을 수 있는 이유이다.

달에 물이 있다면, 지구 생물체가 달에서도 살 수 있다. 달에 지구인의 기지가 건설된다면, 각종 비행기기의 기착지나 출발지 또는 거류지로서 달이 지구에 비해 훨씬 유리하다. 우선 달의 인력은 지구의 17%에도 미치지 못하므로, 달의 인력권을 탈출하기가 지구보다 훨씬 쉬워 매우 경제적이다. 뿐만 아니라 물을 분해해서 얻을 수 있는 수소는 수송기기의 연료로 사용할 수 있고, 산소는 달에 거주하는 생명체의 호흡 등 다양한 용도로 이용할 수 있다.

이러한 관점에서 보면, 우주 개발을 하는 데 지구의 전초기지로서 달이 갖는 중요성은 높아질 수밖에 없다. 우주 개발에 요구되는 비용을 절감할 수 있는 요소가 발생한다는 것은 더할 나위 없는 매력이 될 것이다. 인간이 달을 탐사하고 이에 더하여 물을 찾기 위해 노력하는 것은 천체에 대한 호기심과 더불어 달이 가진 경제적 가치 또한 중요한 이유 중 하나가 될 수 있다.

월진 : 달에도 지진, 즉 월진(moonquake)이 발생할까? 만약 월진이 있다면 초기 행성에서도 이와 유사한 진동 현상이 있지 않았을까 하는 의문이 들게 된다.

이러한 문제를 해결하기 위해 미국의 NASA는 1969년부터 아폴로 (Apollo) 탐사선을 이용해 달 표면에 모두 5대의 지진계, 즉 월진계를 설치하였다. 달은 수십억 년 동안 정적인 상태에 있었다고 생각되었으므로 월체 구조 운동은 없었을 것으로 인식되어 왔다.

그런데 달에 설치된 월진계에는 놀랍게도 1년에 600~3,000건의 월진이 기록되고 있다. 대부분의 월진은 미진으로 거의 대부분이 리히터 규모 2 이하이다. 그러나 백그라운드(back ground)가 매우 낮기 때문에 진폭이 지진보다 100~1,000배나 크다. 그렇다면 이러한 월진 기록이 의미하는 것은 무엇일까?

달의 백그라운드가 낮은 이유는 다음과 같이 유추할 수 있다. 즉 달에는 기권이 없어 바람도 없으며, 수권도 없어 파도나 하천의 흐름도 없다. 따라서 생명체가 있을 리 없다. 아폴로 계획 등에 따라 인간이 설치한 기기로부터 소음이나 진동이 유발할 수도 있지만 가능성과 빈도는 매우 낮은 것으로 인식되고 있다.

그렇다면 많은 월진 발생 숫자에 대한 설명으로 가능한 것은 무엇인가? 달 내부에 나름대로 활동적인 월체구조운동이 있다는 것을 부정하기 어렵게 된 것이다.

전형적인 월진 기록에는 대체로 세 가지 특징적인 현상이 나타난다. 첫째, 진원지의 깊이가 600~900km인 심발월진이다. 이와 같은 월진은 국부적으로 특정 장소에서만 발생하는데 이미 40군데 이상의 진원지가 알려져 있다. 이러한 장소에서 월진은 주기적으로 발생하는데, 특히 달의 궤도가 지구에 근접하는 근지점(perigee)에 이르면 월진의 발생 횟수가 증가한다. 따라서 음력 한 달 중에서 달이 지구에 근접하는 14일을 주기로 월진이 발생하며, 그 횟수는 거의 일정하다. 이는 지구의 인력이 심발월진의 원인임을 가리키는 것이다. 둘째, 천발월진이다. 심발월진만큼 자주 발생하지 않으며, 진원지 깊이도 일정한 유형을 보이지 않는다. 따라서 지구와 마찬가지로 월각으로부터 어떤 스트레스가 발산하면서 월진이 발생하는 것으로 추정할 수 있다. 셋째, 운석의 충돌이나 아니면 인간이 달에 설치하여 운용하는 시설물과 장비로부터 야기된 충격에 의해 발생한 것으로 미루어 생각해볼 수 있다.

월진계는 지진과 달리 1,000km 정도 떨어진 곳에서 충돌에 의해 발생한 월진도 기록할 수 있다. 달 표면에 질량체를 충돌시켜 월진을 발생시키면 월석의 월진파 전파 속도를 정확히 알아낼 수 있다.

월진과 지진은 어떤 차이점이 있을까. 소규모 지진은 1분가량만 지진파가 기록되지만, 달에서는 대략 한 시간 정도까지 기록된다. 지진과 월진의 파형 역시 매우 다른데, S-파나 표면파는 일반적으로 지구 것과 비교해 뚜렷하지 않다. 또한 월진파 기록을 보면 진폭이 급작스럽게 커졌다가, 장시간에 걸쳐 천천히 감소하는 패턴을 보이고 있다.

달의 구조 : 달은 지구와 달리 기권·수권·생물권역은 발달되어 있지 않지만, 암석권역은 존재한다. 지구와 마찬가지로 달의 내부는 월각, 맨틀, 그리고 핵으로 구성된 층상구조이다. 달 표면은 얇은 토양층으로 덮여 있으며 바로 아래에는 각력암이 있다. 월각은 60㎞ 정도로 지구에 비해 매우 두껍다. 월각의 상부는 두께가 25㎞ 정도인 현무암층이며, 아래는 장석이 풍부한 암석층일 것으로 추정하고 있다. 깊이 60㎞부터 아래로 1,000㎞까지는 월각에 비해 밀도가 높은 맨틀이 존재하는데, 아마도 지구 맨틀과 유사한 암석일 것으로 추정하고 있다. 깊이 1,000㎞까지가 달의 암권이다. 암권 아래 약 1,400㎞ 깊이까지가 하부 맨틀이며, 구성 성분은 알 수 없다. 맨틀 하부에는 핵이 있는데 반경이 150㎞이다. 맨틀과 핵의 경계도 잘 알려져 있지 않다.

달에 자기장이 있다는 획기적인 사실이 발견되었다. 고지자기 흔적 역시 발견되었으며, 자기장의 세기는 지구 자기장의 0.0002% 정도이다. 달 자기장의 존재는 달의 핵이 금속일 것임을 강하게 시사하고 있다. 이 물질이 녹은 상태에 있으면서 유동을 해야만 자기장이 발생하기 때문이다. 달의 핵은 비록 전체 질량의 0.1%에 불과하고, 부피는 전체의 1% 미만이지만, 달 내부에서 자기장을 발생시키는 운동이 어떤 형식으로든지 진행되어야만 자기장이 존재할 수 있다.

그림 2-5 달의 뒷모습
우리가 항상 볼 수 있는 앞모습과는 다르다.

이와 같이 달의 핵이 매우 작다는 사실과, 이에 더하여 달 표면에서 채취한 토양과 암석 시료에 대한 분석 결과를 종합해 보면 달에는 전반적으로 친철원소가 많이 존재하지 않는다는 결론을 내릴 수 있다.

달의 자전 주기는 27.3일로, 음력으로 한 달이다. 지구에서는 한 달 동안 달의 한 면만 볼 수 있다. 우리가 달의 뒷모습을 볼 수 있게 된 것은 NASA의 아폴로 계획 덕분이다. 아폴로 16호는 1972년 달의 뒷모습을 처음으로 촬영하였다(그림 2-5). 많은 크레이터가 표면에 산재하고 있는 것은 앞모습과 같지만, 소위 고원과 바다의 분포는 앞면에 비해 상대적으로 덜한 편이다.

운석

운석(meteorite)은 지구 권역으로 진입한 외계 물질이다. 운석은 고도 약 60㎞부터 산화하면서 매우 밝은 빛을 내며 낙하한다(그림 2-6). 지구의 인력권으로 포획되는 운석의 수는 1년에 3만여 개로 추산된다. 지구 인력권으로 들어온 운석 중 상당수가 산화되어 공기 중으로 사라지며, 몇몇은 지표면에 안착하지만 발견되거나 아니면 잊혀진다. 따라서 운석을 관측운석(Falls)과 발견운석(Finds)으로 구분하고 있다.

운석은 지역에 따라 '별똥돌', '별똥별', '별찌돌' 등으로 부른다. 우리나라 땅 위로 떨어진 다음 발견된 시간과 장소가 알려진 운석은 진주운석과 두원운석뿐이다. 진주운석은 미분화 석질운석에 속하는 오디너리 콘드라이트(ordinary chondrite)이며, 세부적으로 분류하면 'H'이다. H는 철의 함량이 높다(High)는 표식이다.

진주운석은 2014년 3월 9일 이후 모두 4개가 진주 일원에서 발견되었다. 두원운석 역시 미분화 석질운석 중 오디너리 콘드라이트이며, 'L6'로 분류된다. L6는 철의 함량이 낮은(Low) 편이며 열변성도가 높다(6)는 것을 나타낸다. 두원운석은 1943년 11월 23일 전남 고흥군 두원면에서 발견된 뒤, 일본으로 반출되었다가 1999년 영구임대 형식으로 반환되어 현재 대전에 있는 '한국지질자원연구원(KIGAM)'에 보관되어 있다.

한반도에 낙하한 운석 중 대영박물관에서 발간한 『운석연감(Catalogue of Meteorites)』에 기록되어 있는 운석의 낙하(또는 발견) 시기와 장소, 그리고 종류는 다음과 같다.

그림 2-6 경상남도 진주시 소재 망경산에서 본 운석의 낙하 모습
2000년 1월, 유성우가 내릴 때 촬영되었다. 두께가 일정한 막대 모양의 선은 천체에 있는 별의 운항 궤적이다.

운곡 : 1924년 9월 7일 전라남도 광양군 옥룡면 운곡리. 콘드라이트

옥계 : 1930년 3월 19일 경상북도 영덕군 달산면 옥계리. 콘드라이트

소백 : 1938년 함경남도 소백. 철운석

두원 : 1943년 11월 23일 전라남도 고흥군 두원면. 콘드라이트

가평 : 1999년 11월 경기도 가평군 가평읍 용추계곡. 철운석

청주 : 1970년대 충청북도 청원군 미원면. 철운석

진주 : 2014년 3월 9일 이후, 경상남도 진주시 대곡면과 미천면. 콘드라이트

운석의 기원 : 운석의 기원은 매우 다양하다. 거대한 운석이 달에 충돌하면서 생성된 달 운석도 있다. 2015년까지 등록된 달 운석은 200여 개이다. 우리나라는 한국극지연구소가 2015년 남극 대륙의 로스 빙붕(Ross ice shelf)에서 달 운석 한 개를 발견하면서 보유국이 되었다. SNC 운석(Shergottittes, Nakhlites & Chassigny 형태의 운석) 그룹은 화성으로부터 유래된 것으로 인식되고 있으며, 화성이 생성되던 말기의 충돌에 의해 생성된 것으로 추정된다. 화성 기원 운석은 2014년 현재 132개가 등록되어 있는데, 우리나라는 보유하고 있지 못하다.

달 또는 화성으로부터 온 운석이 아닌 대부분의 운석은 소행성대가 기원인 것으로 추론하고 있다. 그 이유는 소행성의 궤도가 약간 길쭉하게 타원형으로 신장되어 있어서 태양에 가장 근접할 때는 소행성의 공전 궤도가 지구의 공전 궤도 조금 안쪽에 위치하고, 태양과 멀어져 있을 때는 공전 궤도가 화성과 목성 사이에 위치하기 때문이다.

운석의 종류는 매우 다양하다. 그것은 태양으로부터 거리가 다른 곳에서 유래되었기 때문이다. 보통 콘드라이트(chondrite)는 태양으로부터 약 2.5AU에서 유래된 것이고, 현무암질 아콘드라이트(achondrite)는 2AU보다 조금 더 먼 곳에서 유래된 것이다. 운석은 거대한 운석 모체가 궤도 운동을 하는 도중 충돌하면서 생긴 부스러기이다. 따라서 모든 운석은 충돌하면서 발생하는 고온 및 고압 에너지에 의해 변이되는 과정을 겪는다.

운석의 분류와 나이 : 운석을 분류하는 방법은 매우 다양하다. 우선 구성 성분과 구조에 기초하여 구분하면 다음과 같다. 1) 규산염 광물

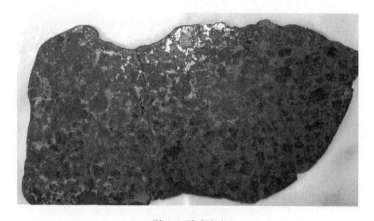

그림 2-7 팔라사이트
2003년 중국 신장에서 발견된 석-철질 운석인 팔라사이트(pallasite). 검게 보이는
부위가 석질 조성이고, 옅은 부위가 철질 조성이다.

들로 구성되어 있는 석질운석, 2) 소량의 니켈과 함께 철이 우세한 철
질운석, 3) 50%의 규산염 광물과 50%의 금속 물질로 구성된 석-철질
운석(그림 2-7).

석질운석은 세립질 석기에 둘러싸인 직경이 수 밀리미터에 이르는
구형의 규산염체인 콘드률(chondrules)을 함유하는 콘드라이트와 콘드
률이 결핍된 아콘드라이트로 나눌 수 있다. 아콘드라이트는 현무암
또는 감람암과 같은 지구 암석과 유사하지만, 콘드라이트 구조는 운
석에서만 유일하게 나타나고 있다. 콘드률은 온도가 2,100℃ 정도인
용융체에서 생성된다.

철질운석의 조직은 두 가지 특징을 갖고 있다. 하나는 뉴먼 라인
(Neumann line)으로, 운석이 서로 충돌할 때 충격 때문에 생긴 미세하게
변형된 선 구조이다. 독일의 천문학자 뉴먼(J. Neumann)이 1847년 철질

그림 2-8 윗맨스테이튼 패턴
이 패턴은 철(Fe)과 니켈(Ni)의 연정 조직이다. 조직 사이에 검은 점으로
보이는 광물이 트로이라이트이며 비금속 포유물이다.

운석에서 발견한 미세한 조직이다. 다른 하나는 윗맨스테이튼 패턴
(Widmanstatten pattern)이다(그림 2-8). 용융된 철이 냉각되면서 결정화
작용이 진행될 때 철과 니켈이 연정을 이루며 서로 엇갈리는 선 모양
의 패턴이다. 오스트리아의 윗맨스테이튼(A. Widmanstatten)이 1808년
가마에 철질운석을 넣고 가열하였을 때 화염에 따라 합금의 색과 광
체가 다름을 관찰하면서 발견하였다. 철질운석에서 발견할 수 있는
중요한 광물이 하나 더 있는데, 바로 비금속 포유물인 트로이라이트
(troilite, FeS)이다(그림 2-8 참조). 이 광물의 존재는 지구 외핵에 황(S)
원소가 존재할 가능성을 강하게 시사해 주고 있다(6장 참조).
　두 번째 분류 방법은 운석 생성의 메커니즘에 따른 구분이다. 바
로 분화 운석과 미분화 운석이다. 분화된 운석인 철질, 석-철질, 아콘
드라이트같이 전체가 용융되었거나 또는 부분적으로 용융된 물질이

냉각되면서 이와 같은 조성과 구조를 갖게 되었다. 이와는 대조적으로 미분화 운석인 콘드라이트의 경우, 용융이 되면 기질 내에 있는 콘듈의 구조가 파괴되기 때문에 이와 같은 방법으로는 만들어질 수가 없다. 따라서 콘드라이트는 용융작용을 받은 적이 없는 가장 시원적인 운석으로 간주할 수 있다. 휘발성 원소를 제외하고 콘드라이트의 화학 조성이 태양계 성운에 가장 가까울 것으로 여겨지는 이유이다.

운석의 나이는 방사성 동위원소 측정법으로 측정한다. 운석의 나이는 다음 세 가지를 목표로 하여 측정한다. 1) 정출연령(crystallization age). 구성 광물이 생성되었을 당시의 연령이거나 또는 마지막으로 매우 큰 변형을 받았던 때의 연령이다. 2) 노출연령(exposure age). 운석이 우주 공간에 존재하는 모체의 표면이나 또는 표면 근처에 존립한 시간을 나타내는 연령이다. 우주선(cosmic ray)이 운석을 구성하는 물질의 원자핵을 파괴하여 새로운 동위원소를 생성하기 때문에 노출연령을 결정할 수 있다. 3) 생성간격시간(formation interval)으로, 몇몇 구성 원소가 합성되었을 때와 이러한 원소가 운석 안에서 결합되었을 때의 시간 간격을 측정하는 것이다.

운석 발견의 의미 : 운석은 남극이나 사막에서 많이 발견된다. 이렇게 발견된 낙하 운석만을 바탕으로 하여 모체 비율을 추정하기에는 많은 무리가 따른다. 왜냐하면 현재 수집된 운석 대부분이 지구 역사에 비추어 보면 지극히 최근에 낙하된 것에 불과하기 때문이다. 21세기 초반까지 발견된 낙하 운석의 대체적인 비율을 보면 석질운석 94%, 철운석 5%, 석-철질운석 1%이다. 석질운석 중에서 콘드라이트

는 86%이고 아콘드라이트는 8%이다.

운석이 지구에 갖는 의미는 다음과 같다. 첫째, 지구의 구성 성분과 지구 나이에 대한 정보를 얻을 수 있다. 세 종류의 운석에 대한 화학 분석 데이터로부터 지구의 화학 성분 조성에 대한 정보를 얻을 수 있다. 위에서 말한 대로 방사성 동위원소에 대한 연대 측정을 하면 지구 나이를 알 수 있다. 둘째, 태양계 구성 행성의 생성과 성분에 관한 정보를 얻을 수 있다. 운석은 태양계 생성 초기의 정보를 그대로 갖고 있다. 따라서 지구 이외 행성의 대체적인 화학 조성 및 내부 구조 등을 미루어 짐작할 수 있다. 셋째, 물의 기원에 관한 정보를 얻을 수 있다. 일부 콘드라이트 운석에서 물이 발견되면서 지구의 물이 우주로부터 온 것이라는 주장에 대해 딱 잘라 부정할 수만은 없는 상황이 되었다. 물의 기원이 중요한 이유는 생명의 탄생과 인과적으로 밀접한 관련이 있기 때문이다. 넷째, 태양계 성운 조성에 관한 정보를 얻을 수 있다. 탄소질 콘드라이트에 있는 포유물의 산소 동위원소 조성비로부터 태양계 생성에 동참하였던 성운의 성분과 초신성 폭발에 따른 초기 환경에 관한 정보를 유추해 볼 수 있다.

혜성

혜성은 우리말로 '살별' 또는 '꼬리별'이다. '살'은 화살의 준말이며, 꼬리가 달린 채 나타나 움직이기 때문에 꼬리별이다. 혜성에 대한 최초의 기록은 아리스토텔레스의 『기상학』이며, 중세 이후에는 덴마크의 브라헤(T. Brahe)가 과학적인 접근을 처음 시도하면서 혜성도 태양계의 일원이라는 것을 증명하였다. 영국의 핼리(Edmund Halley,

1656~1742)는 1531년과 1607년, 1682년에 관측되었던 혜성은 모두 같은 것이며, 이 혜성이 1758년 다시 나타날 것이라는 예언을 1705년에 하였다. 핼리가 죽은 다음 16년이 지난 뒤 그의 예언은 적중하였다.

혜성은 인근의 항성이나 또는 행성 간 성운의 영향을 받아 태양계 안쪽으로 궤도가 굴절되어 통과하는 물질을 말한다. 얼음과 먼지로 구성되어 있는 혜성은 태양 쪽으로 다가감에 따라 얼음이 녹으면서 엄청난 양의 수증기와 먼지를 진행 방향의 반대편으로 뿜어낸다. 이것을 공급해 주는 곳이 혜성의 핵인데, 핵의 크기는 혜성에 따라 다르다. 유명 혜성과 최근 지구에서 발견된 혜성에 대해 알아보기로 하자.

핼리 혜성 : 핼리(E. Halley)를 기리며 명명되었다. 주기는 76년으로 1986년 2월 지구에 근접하였으며(그림 2-9), 다음 출현 시기는 2062년 여름이다. 핼리 혜성의 수명은 8만 년 이하로 추정되기 때문에 앞으로 1천 번 정도는 더 지구에서 관측될 것으로 예상된다. 핼리 혜성의 질량은 지구의 1조분의 1 정도이며, 핵의 크기는 약 15km이다.

그림 2-9 핼리 혜성
1986년 호주 인근에서 촬영한 것이다..

기원전 468~466년 사이, 고대 그리스에서 작성된 혜성에 관한 천문 기록은 모두 핼리 혜성에 관한 것으로 밝혀졌다. 핼리 혜성에 대한 기록은 기원전 240년 중국의 역사서에도 등장하며, 그로부터 76년 지난 기록은 바빌로니아의 석판에 새겨져 있다. 우리나라의 경우 『삼국사기』에 기원전 49년에 발견한 기록이 남아 있으며, 『고려사』와 『조선왕조실록』에도 혜성 관련 관찰 기록이 많이 기술되어 있다. 『조선왕조실록』에 따르면 1456년 기록은 세조 2년이며, 1758년 봄에 관찰한 기록은 영조 35년이다. 영조 35년은 핼리가 예측한 혜성의 도래 연도이다.

슈메이커 레비 9 혜성 : 유진 및 캐롤라인 슈메이커(Eugene Shoemaker, 1928~1997 & Carolyn Shoemaker, 1929~) 부부와 레비(David Levy)가 발견한 아홉 번째 혜성이다. 1993년 3월 24일 미국 샌디에이고 인근 팔로마 천문대(Palomar Observatory)가 보유한 구경 46㎝ 슈미트 망원경으로 발견하였다. 이 혜성은 막대처럼 길게 늘어서 있었는데, 발견된 장소는 목성이며 움직임이 목성과 거의 같다는 점에서 원래는 하나였던 것이 목성의 기조력에 의해 부서진 것으로 추정되고 있다. 더욱이 엄청나게 찌그러진 타원 궤도를 역추적한 결과 1992년 7월, 이 혜성이 목성의 상공을 불과 5,000㎞ 이내에서 통과했다는 사실이 밝혀졌다. 1994년 7월, 21개로 부서진 조각들이 목성의 남반부에 충돌하면서 소멸되었는데, 충돌 장면이 생중계되기도 하였다.

유진은 행성과학의 기틀을 마련하는 데 큰 기여를 한 지질학자이다. 1950년대 애리조나 주의 메테오르 크레이터(Meteor Crater)에 대한 조사를 하여 크레이터의 성인이 운석에 의한 충돌의 결과라는 것을 처음으로 밝혀냈다. 사망한 지 2년이 지난 1999년, 유진 슈메이커의 시신을 화장한 유해 일부를 담은 캡슐이 NASA의 달 탐사선인 루나 프로스펙터(Lunar Prospector)호에 실려 달로 운구되었다. 유진 슈메이커는 지구를 벗어나 우주에 묻힌 최초의 지구인이다.

하쿠다케 혜성 : 1996년 1월 31일, 일본의 아마추어 천문관찰자인 하쿠다케(Yuji Hakudake, 1950~2002)가 일본열도 최남단인 가고시마에서 150mm 대물렌즈가 장착된 쌍안경으로 발견하였다. 혜성을 둘러싸고 있는 먼지구름이나 꼬리에 대한 스펙트럼 분석 결과 메탄과 에탄이 거의 같은 양으로 혼합되어 있는 것으로 밝혀졌다. 같은 해 3월 초부터 지구에 가까이 다가오면서 3월 24일에는 가장 가까운 거리를 통과하였는데, 이 동안은 육안으로도 관찰이 가능했다.

하쿠다케 혜성은 지난 200년 동안 지구에 가장 가까이 접근한 혜성이며, 주기가 약 1만 7,000년인 최장주기 혜성에 속한다. 1996년 1월 말 국제천문연맹은 이 혜성을 '1996B2Hyakutake'로 명명했다. 그런데 하쿠다케는 이에 앞서 한 달 전에 또 다른 혜성을 발견했는데, '1995Y1' 혜성으로 크리스마스에 발견했다. 하쿠다케는 불과 한 달 사이에 자신의 이름으로 명명된 혜성을 두 개씩이나 갖게 되었다.

아이슨(Ison) 혜성 : 2012년 9월 21일 넵스키(V. Nevsky)와 노비쵸노크(A. Novichonok)가 러시아에 소재하고 있는 국제광학과학네트워크(International Scientific Optical Network, ISON)의 천문대가 보유하고 있는

직경 0.4m인 반사망원경을 이용하여 발견하였다. 이로 인해 혜성의 이름을 아이슨(Ison)으로 명명하였다. 아이슨은 시속 77,000㎞의 속도로 태양으로부터 116.5만㎞ 거리까지 접근하였다. 이 혜성의 크기는 핼리 혜성에 비해 작았지만 속도가 매우 빨라 매우 환한 빛을 낼 것으로 기대가 되었으나, 2013년 12월 태양 주위를 도는 도중 소멸해 버렸다.

헤일-밥(Hale Bopp) 혜성 : 20세기 관측된 혜성 중에서 가장 많이, 그리고 넓은 지역에서 관측된 혜성이다. 18개월 동안 육안으로도 관측되었다. 공전 주기는 2534년으로 다음 태양에 인접할 연도는 4380년이다. 미국의 헤일(A. Hale)과 밥(T. Bopp)이 각각 따로 발견하였다. 1995년 7월 23일, 위에 말한 두 명의 천문학자가 지구에서 육안으로 관찰할 수 있기 전에 발견한 것이다. 헤일-밥 혜성은 1997년 4월 1일 근일점을 지나갔는데. 이때 거리가 0.914AU이었다.

혜성의 창고

핼리 혜성과 같이 일정한 주기를 갖고 나타나는 혜성과 달리, 예측을 불허하며 하나씩 시도 때도 없이 툭툭 나타나는 혜성은 마치 창고에 보관된 혜성 모둠에서 기분 내키는 대로 하나씩 차례차례 태양 쪽을 향해 쏴대는 미사일과 같다. 공전 주기가 인간의 수명을 훨씬 뛰어넘어 약 200년 이상인 장주기 혜성은 오르트 구름(Oort clouds)이, 주기가 그 이하인 단주기 혜성은 카이퍼 벨트(Kuiper belt)가 혜성의 보관 창고일 것으로 추정하고 있다.

카이퍼 벨트 : 1951년 네덜란드 출신의 미국 천문학자인 카이퍼 (Gerard Kuiper, 1905~1973)가 주장한 것으로, 해왕성 바깥쪽부터 약 30~50AU 정도의 구역으로 단주기 혜성의 기원지일 것으로 추정되는 가상의 벨트이다. 대체적 모양은 가운데에 구멍이 뚫린 원반 모습일 것으로 카이퍼는 추정하였다. 카이퍼 이전까지 모든 혜성은 오르트 구름에서 온다고 생각하였다.

그러나 카이퍼가 장주기 혜성과 단주기 혜성의 궤도를 비교한 결과, 핼리 혜성과 같은 단주기 혜성은 외행성의 영향을 받아 궤도가 타원에 가까운 모양인 것으로 밝혀지게 되었다. 따라서 단주기 혜성은 행성들과 좀 더 가까운 곳에서 운항을 시작해야 한다고 카이퍼는 생각했다. 태양계가 생성된 다음 남은 천체들이 모여들어 해왕성 궤도 밖에 있을 것으로 추론한 것이다.

이러한 카이퍼의 주장은 최근 진보된 관측기기로 확인한 결과 모두 사실인 것으로 밝혀졌다. 2006년부터는 관찰을 넘어서 직접적인 탐사가 시작되었는데, 바로 미국의 뉴 프런티어(New Frontier) 계획이다. NASA가 2006년 1월 발사한 뉴 호라이즌(New Horizon)호는 2015년 134340 플루토(옛날 명왕성)에 가까이 스치며 통과하였으며, 2020년경에는 카이퍼 벨트 구역으로 접근하는 것을 목표로 하고 있다.

오르트 구름 : 오르트 구름은 태양으로부터 5만 AU 이상 떨어진 곳에 있을 것으로 예상되는 거대한 우주 공간으로, 구형의 천체이다. 이 영역에 있는 성운은 태양계가 생성되고 남은 잔해일 것으로 추정되며, 초기의 물질을 원형 그대로 보존하고 있을 것으로 예상되는 태양

계의 화석이다. 태양열이 미치지 못하기 때문에 성운은 수증기, 메탄, 암모니아(NH_3), 이산화탄소, 시안화수소(HCN) 등이 얼어붙은 채로 남아 있을 것으로 추정되고 있다.

네덜란드의 천문학자인 오르트(Jan Hendrik Oort, 1900~1992)는 장주기 혜성을 관찰하던 중, 몇 가지 사실을 발견하였다. 천체에서 운동을 하는 물체가 주기를 갖고 있다는 것은 태양의 영향력이 미치는 곳에서 만들어진 것이 틀림없다는 것이었다. 왜냐하면 태양계 외부에서 진입한 물체는 주기와 상관없이 그냥 통과했을 것이기 때문이다. 또한 장주기 혜성이 주행하는 궤도의 최대거리가 태양계 최대거리와 거의 같다는 사실을 발견하였는데, 이것은 혜성들이 태양계 경계 영역에서 출발하였다는 것을 의미한다는 것이다. 마지막으로 혜성이 특정 지역이 아니라 태양으로부터 거의 비슷한 거리에서 방향에 관계없이 온갖 지역에서 태양을 향해 오고 있는데, 이것은 태양의 중력에 영향을 받지 않고서는 일어날 수 없는 현상임을 지적하였다.

이러한 이유로 오르트는 이러한 영역이 존재할 것임을 예측하고 제안하였지만, 아직까지는 논리에 합당한 가설이란 인정을 받고 있는 수준이며, 유력한 반론 역시 없는 상황이다. 이에 오르트 구름에 대한 더 많은 실제 탐사를 비롯한 깊은 연구가 요구되고 있다.

지구의 생성

약 46.5억 년에 생성된 초기 지구는 지질 시대를 거치면서 균질체가 변화하여 분화된 행성으로 진화하였다. 지구의 생성에 관해 제안된 가설을 살펴보기로 하자.

첫째, 성운설(nebular hypothesis)이다. 가스의 집합체인 성운이 회전하면서 수축되면 회전속도가 점점 빨라지면서 중심으로부터 여러 개의 구형체가 분리되면서 떨어져 나와 행성으로 성장했다는 이론이다.

둘째, 소행성설(planetesimal hypothesis)이다. 어떤 별이 원시 태양의 주변을 통과하면서 태양으로부터 끌고 나온 물체가 구형의 소행성이 된 다음 태양을 중심으로 회전하게 된 것이 지구라는 이론이다.

셋째, 조석설(tidal hypothesis)이다. 소행성설의 약점을 보완하는 수준의 학설이다.

넷째, 초신성 폭발설(Supernova explosion)이다. 초신성이 순간적으로 폭발하여 태양과 행성이 생성되었다는 이론이다. 여러 이론 중에서 마지막 초신성 폭발에 의해 태양이 생성되고 난 다음 이어진 후속 작용의 결과 지구가 생성되었다는 이론이 가장 유력한 것으로 받아들여지고 있다. 초신성 폭발에 의한 태양계의 생성과 지구의 생성에 초점을 맞추기로 한다.

태양계의 생성

천체는 내부 중심점으로 향하는 중력과 이와 대척되는 외향의 힘이 상호작용을 하면서 진화가 진행된다. 입자와 입자가 만유인력에 의해 서로 끌어당겨야만 질량체는 유지될 수 있다. 그렇지만 만약 인력만 존재한다면 모든 물질은 과다한 중력 때문에 스스로 붕괴될 것이다. 따라서 반대로 작용하는 다른 힘, 즉 외부의 힘이 존재해야 한다.

태양계가 존재하는데 다음 세 가지 힘이 작용을 한다. 첫째, 내부압력이다. 부풀린 풍선의 모양이 유지되는 압력과 같은 것이다. 둘째, 원심력이다. 물체를 바깥쪽으로 돌게 하는 힘으로, 마치 줄 끝에 달린 물체가 회전하는 것이나 행성이 태양 주위를 공전하는 힘과 같다. 그리고 셋째는 탈출 속도이다. 이것은 로켓이 지구 인력권을 탈출할 때 속도와 같다. 행성도 태양으로부터 탈출을 해야 독립체로 존재할 수 있기 때문이다.

디스크 모양인 성운의 중심에 있는 원시태양이 생기면서 온도는 높아졌으며, 상대적으로 온도가 낮은 주변부는 수축되면서 회전 속도가 늦어지게 되었다. 이러한 과정은 온도가 1천만 도에 도달할 때까지 지속된 것으로 추정된다. 디스크의 정중앙에 있는 원시태양은 성장을 계속하여 안정된 상태로 접어들면서 오늘날의 태양으로 진화하였다.

지구형 행성의 부가

원시태양계 안에 있던 가스와 성진이 디스크의 중앙 면으로 모여들면서 스스로 압축되게 된다. 디스크를 이루는 가스 분자와 고체성 진입자가 보여주는 거동에는 큰 차이가 있다. 가스 분자가 서로 탄성충돌을 하면서 압력이 발생하는데, 이렇게 생긴 가스 압력은 가스 구름이 얇은 디스크로 응집되지 못하게 하는 성향을 갖고 있다. 반면 성진 입자는 비탄성적으로 충돌하여 서로 엉겨붙게 되는데, 이렇게 합쳐져서 덩치가 커진 성진 입자는 중앙 면으로 낙하를 하게 된다. 부가 초기에 성진의 낙하 속도는 매우 느렸는데, 이유는 입자 크기가 너무 작아서 가스 분자의 영향을 받았기 때문이다. 그러나 거듭된 충돌에 의해 입자가 점점 커질수록 낙하 속도는 증가하였으며, 입자가 크면 클수록 작은 입자와 충돌할 기회가 많아지므로 덩치는 더 빠르게 증가하였다.

1AU에서, 직경이 수 미터까지 성장한 입자는 수만 년이 지나자 중앙 면에 도달할 수 있었다. 입자의 직경이 수 미터 이상으로 성장을 하게 되면, 충돌에 의해 입자가 촘촘히 다져지면서 표면적은 감소하게 된다. 따라서 입자의 덩치가 가스의 영향을 받지 않을 정도로 충분히 커지게 되면, 공전 궤도 권역으로 진입할 수 있게 된다. 이렇게 독립적으로 행동할 수 있을 정도의 덩치를 갖는 질량체를 미행성(planetesimal)이라 한다.

중앙 면으로 모여든 수없이 많은 미행성체는 태양 주위를 돌게 되는데, 공전운동을 하는 동안 충돌이 빈번하게 일어나게 된다. 당시 미행성체의 충돌에 따른 성장 과정과 현상은 다음과 같이 미루어 볼 수 있다.

첫째, 덩치가 큰 미행성일수록 더 많은 충돌을 하는데, 이유는 더 크기 때문이다. 둘째, 미행성의 덩치가 커짐에 따라 멀리 떨어져 있는 물체를 잡아당길 정도로 인력이 증가하면, 접촉하지 않고 작은 물체를 끌어들여 충돌을 할 수 있다. 셋째, 운동 궤도가 다른 미행성체 두 개가 충돌하여 합체가 된 다음 원형 궤도를 따라 공전을 하게 되면, 궤도가 짧아지면서 공전 속도가 느려져 탈출 속도보다 작게 된다.

따라서 원형 궤도에서 더 많은 합체가 발생하게 된다. 이와 같은 부가 과정이 지속됨에 따라 미행성체는 계속해서 성장을 하게 된다.

10만 년이 흐른 후에는 디스크의 0.99~1.01AU 구간에 있던 미행성들은 충돌을 거듭하면서 다양한 크기의 질량체로 성장을 하는데, 10^{23}kg(지구는 $6×10^{24}$kg임)을 초과하는 것도 만들어지게 된다. 이렇게 크기가 특출한 질량체가 행성 배아(planetary embryo)이다. 현재 지구가 있는 위치에는 100여 개의 행성 배아가 있었던 것으로 추정되는데, 배아의 질량은 각각 지구의 1~10% 정도이며 거의 원형에 가까운 궤도를 선회하고 있었다. 추후 이어진 부가 작용은 매우 천천히, 그러나 아주 오랫동안 진행되게 된다. 원시태양계의 성운으로부터 초기 지구로 성장하는 데 1억 년이 걸린 것 같다.

초기 1억 년 : 지구를 포함한 지구형 행성의 화학 성분과 내부 구조가 지금과 같이 진화해 온 과정은 어떠하였을까? 태양계 내에서 발견된 원소의 화학적 분화는 태양의 핵융합에 의해 다양한 형태로 진행되었다. 특히, 지구형 행성의 화학 성분은 태양계 성운의 약 2%에 지나지 않는 무거운 원소로 구성되어 있다. 이와 같은 원소가 지구형 행성에 집적되는 과정은 운석을 통해서만 추적이 가능하다. 콘드라이트 운석 분석 결과, 산소보다 무거운 원소와 태양의 대기 사이에는 매우 밀접한 유사성이 있음이 밝혀졌다.

이러한 관계를 바탕으로 콘드라이트 지구 모델(Chondritic Earth Model, CEM)이 제안되었다. CEM 정보를 분석하면 태양계 성운으로부터 행성 부가의 화학 작용에 대한 결정적 단서를 찾을 수 있다.

성진과 가스가 수축하여 태양계 성운을 형성하는 데 소요된 시간은 약 1만 년이다. 다음 단계로, 성운의 중앙 면에 마이크로미터(μm) 이하인 미립자가 축적되는 데 1만 년에서 10만 년 정도가 걸렸으며, 이 단계에서는 중력에너지에 의한 가열 작용이 발생하였다. 원시태양에 가까이 있던 성진은 완전히 기화된 반면, 디스크 변두리는 열이 방사에 의해 방출되면서 온도가 내려가게 되었다. 온도가 낮아지자, 가스는 응축되고 성진은 응집하면서 크기가 점점 커져 미행성이 되었다. 미행성에서 행성 배아로 성장하는 데는 태양계 내부에서는 10만 년에서 1천만 년 정도가 더 걸렸을 것으로 추정하고 있다. 행성이 생성되는 마지막 단계는 아마도 1억 년이 더 걸렸을 것으로 추정된다.

지구형 행성의 가장 큰 특징이자 공통적인 현상은 철 성분인 핵과 규산염 광물인 맨틀이 분리되었다는 것이다. 이러한 분리 및 성장은 행성 배아와 행성 내부의 원소가 분리되는 화학 작용의 결과인데, 이러한 작용은 부가작용이 진행되는 동안은 물론 이후에 이어진 용융작용 중에도 진행되었다. 오랫동안 계속된 부가작용에 의해 행성은 점점 성장하였으며, 이에 따라 증가하게 된 내부의 열은 행성의 내부를 층상구조로 변환시키는 원동력이 되었다.

층상구조

단순화학적 모델 : 지구형 행성의 내부 구조는 층상으로 되어 있다. 각 층을 이루는 화학 성분의 차이 또는 물리적 특성의 차이에 따라 층상은 구분된다. 이 문제에 접근하기 위해서는 두 가지 사항을 고려해야 한다. 첫 번째는 지구형 행성의 맨틀과 핵을 구성하는 원소가 모이

게 되는 화학작용과, 두 번째는 용융 과정에 필요한 에너지가 언제 그리고 어떻게 생성되었는가 하는 문제이다. 이 문제를 해결하기 위해서는 지구에 현존하는 주요 구성 원소의 상대적 존재비를 살펴보아야 한다. 즉, 지구 질량의 97%를 차지하고 있는 7개 원소(즉, Fe, Si, Mg, O, S, Al, Ca)로부터 추정을 하는 것이다.

산소는 지구에 가장 많이 존재하는 원소이다. 산소는 다양한 원소와 결합하여 수많은 산화물과 규산염 광물을 생성한다. 철은 친동원소와 같이 거동하며 황과 결합하기를 좋아한다. 따라서 황이 소모된다. 그러나 철은 남아도는 산소와 결합하기도 하여 친석원소로 취급하기도 한다. 이에 더하여 철의 존재량도 만만치 않기 때문에 산소와 황이 모두 화학 결합을 하여 소진된 뒤에도 남게 되어 지구형 행성에서는 금속만으로도 존재하기 때문에 친철원소로 분류되기도 한다. 만약 산소가 휘발성 원소와 결합하여 H_2O, CO_2, SO_2 등이 되면서 소진돼 버리면, 철은 특히 금속으로만 존재할 가능성이 높아진다.

이와 같은 화학 결합의 결과 지구형 행성은 세 개의 층으로 분리된다. (Mg, Fe)-규산염 광물층, FeS층 그리고 Fe 금속층이 그것이다. 이런 과정을 통해 지구 내부는 맨틀, 외핵 및 내핵이라는 층상구조를 이루게 되었다.

열의 기원과 용융 : 초기 행성의 열원은 무엇이었을까? 열은 물질을 용융시켰고, 용융체는 밀도 차이에 따라 층상구조를 생성하였다. 초기 행성에서는 배아 자체가 분화되기에 충분할 만큼 내부 온도가 높았던 것 같다.

그렇다면 얼마나 많은 열에너지가 필요한 것이었을까? 한 가지 확실한 열원은 부가작용 그 자체이다. 왜냐하면 미행성체 간의 충돌에너지가 열에너지로 변환되기 때문이다. 행성 배아 부가의 초기 단계에서는 중력이 낮고 충돌 속도가 느리기 때문에 열에너지 발생량은 매우 적다. 그러나 배아가 성장함에 따라, 속도도 증가하고 온도 역시 매우 급격하게 증가한다. 중력에 의한 부가로 발생한 열에 의해 만들어진 고온의 표면에는 마그마의 바다가 생성된다. 마그마 바다 안에서는 철 성분이 풍부한 방울이 만들어지는데, 이러한 방울은 밀도가 높아 마그마 방의 하부에 쌓이게 된다. 이렇게 쌓인 방울의 부피는 점점 커져 반경이 10~100㎞에 이르게 된다. 이 정도 규모가 되면 마그마 방 하부에 부분용융 상태에 있는 맨틀을 뚫고 아래로 내려가 최종적으로는 핵을 이루게 된다. 이때 철의 밀도를 낮추는 역할을 하는 희석 원소인 친동원소 또는 친철원소는 침강하는 철 방울과 같이 내려가게 된다(6장 참조).

행성 배아에서 핵과 맨틀이 분리되는 초기 작용은 현재 지구 크기의 몇 퍼센트밖에 되지 않는 작은 규모에서 일어난 것이다. 이러한 행성 배아에 부가작용이 약 5만 년 동안 계속되면서 원시 행성이 생성되었다. 이후, 행성은 약 1천만 년 내지 1억 년 동안 배아 간의 충돌에 의해 성장하였다. 두 개의 배아가 충돌할 때 발생하는 에너지는 어마어마했을 것이다. 따라서 미리 분화되어 있던 물질들이 격렬하게 뒤섞인 다음, 다시 분리되는 작용이 일어나게 되었을 것이다. 고밀도의 금속 방울이 만들어진 다음 지구 중심으로 하강하여 핵의 크기가 지속적으로 증가하는 것이다. 지구 중심으로 고밀도 물질이 침강하는 것은 중력에너지가 다시 열에너지로 방출되는 것이다. 초기 1억 년 후, 지구 표면에 가까운 마그마 방은 냉각되었지만, 곧바로 냉각된 것이 아니고 상부 맨틀이 화학적으로 안정될 때까지 존재하였다. 수억 년이 지난 다음에야 드디어 지금의 지구와 같이 지구 중심에서 지표면 쪽으로 온도가 감소하는 패턴이 정립되게 되었다. 이러한 과정을 거쳐 원시 지구는 생성되었다.

지구의 기권과 수권

수권이 있는 행성은 지구뿐이다. 이에 반해 기권은 태양계 다른 행성에도 발달되어 있다. 행성 사이에 이런 차이점을 보이는 요인은 다음과 같다. 1) 태양으로부터의 거리, 2) 행성이 형성될 당시 성운가스의 화학 성분, 3) 행성의 질량, 4) 초기 대기의 존재 여부, 5) 행성 내부의 온도 변화, 6) 행성을 구성하는 금속 원소의 양 및 암석 내의 물과 다양한 가스 성분의 함유량 차이 등이다.

지구가 생성될 당시 지구 대기가 얼마나 존재하고 있었는지는 알 수 없다. 만약 태양계 성운이 천천히 부가되면서 지구가 생성되었다면, 초기 지구의 온도가 낮아서 표면에 원시 대기가 존재했을 수도 있다. 반대로 지구가 매우 빠르게 진행된 부가작용에 의해 생성되었다면, 지구 표면의 초기 온도는 지금보다 매우 높았을 것이다. 그것은 방사성 동위원소의 붕괴로 인해 발생한 열과 지금보다는 활동적이었을 태양의 복사열에 의해 온도가 매우 높았을 것이기 때문이다. 따라서 이런 환경에서 초기 지구의 대기는 아마도 연소되어 사라졌을 것이다.

원시 지구 이후 지질 시대가 계속되면서 지속된 화산 활동에 의해 지하로부터 물이나 이산화탄소 등이 지구 표면으로 방출되었다. 이외에도 고체상으로 존재하던 가스 물질들이 지구 내부에서 용융된 다음 화산을 통해 지표면으로 분출되어 초기의 바다나 기권에 합류했을 것이다. 이러한 이유로, 지구상의 대기와 물은 오랜 지질 시간 동안 고체 지구로부터 생성된 것으로 보고 있다. 즉 대기와 해양은 지구와 거의 같은 시기에 생성되었다기보다는 지구가 진화해 오는 과정 중에 지하로부터 공급된 휘발성 물질이 축적되어 생성된 것이다. 이러한 견해가 화산의 역할에 관심을 갖게 하는 요인이 되었으며, 화도는 지구 내부 암권에 존재하는 휘발성 유동 물질이 지표면으로 올라오는 통로 역할을 한 것이다.

화산 분출 가스 중에서 가장 중요한 성분은 수소이며 다음으로 산소, 탄소, 황, 염소 및 질소이다. 이와 같은 원소들이 주변 조건에 따라 화학 작용을 하게 되면 H_2O, CO_2, SO_2, HCl, N_2 등이 생성된다. 이러한 화산가스의 비율은 공기, 해양 및 지표면의 암석에 있는 수소, 산소, 탄소, 염소 및 질소의 비율과 아주 정확하게 일치하고 있다.

그러나 황만은 예외이다. 그것은 아마도 지표면에서 흔히 발견되는 황철석(FeS_2) 때문인 것 같다. 대기나 해양으로 황이 방출되지 않고, 대신 철과 반응하여 황철석으로 된 다음 해양지각과 함께 섭입대에서 맨틀로 회귀하는 것이라고 볼 수 있다.

물의 기원은 지구 생성 및 진화와 관련하여 지구 역사를 밝히는 것만큼이나 똑같이 어렵고도 복잡한 문제이다. 지표면에 머무르고 있는 모든 물질은 판구조 운동에 의해 판이 섭입할 때 지구 내부로 들어갈 수 있다. 물도 마찬가지로 다양한 물질과 함께 지구 내부로 들어간다. 이때 지구 속으로 들어간 물이 판의 섭입 경계나 확장 경계에서의 화산 활동, 또는 열점을 통해 지표면으로 유출된 것인지 또는 아닌지는 물을 구성하고 있는 산소에 대한 동위원소 분석을 하면 밝혀낼 수 있다. 즉, 지구 내부로부터 유래한 물이 외적 기원의 순환수인지 또는 내적 기원의 처녀수인지를 구별해 낼 수 있다.

맨틀 속으로 물이 회귀할 때는 물 자체가 분자 상태로 움직이거나 또는 수산화기 형태로 다른 물질의 격자 속으로 들어가서 같이 이동을 한다. 물은 상온에서 약간의 압력을 가하게 되면 얼음으로 변하며 온도가 높아도 어느 정도 압력을 높여 주면 얼음으로 변한다. 따라서 물의 이러한 특성 때문에 H_2O-분자보다는 (OH)-이온이 되어 지구 내부로 회귀할 가능성과 확률이 높다고 할 수 있다.

지구에서 물이 가장 많은 곳은 지표에서는 바다이지만 지구 전체로 볼 때는 맨틀이다. 맨틀의 크기는 지구 전체 부피의 84%를 차지하는 데 비해 지각은 0.8%에 지나지 않는다. (OH)-기를 포함하고 있는 광물이나 물이 맨틀로 섭입하면 지구 내부의 온도 및 압력에 따라 상변이(phase transition)를 하여 지구 내부의 환경에 적응하게 된다.

바다에 있는 물보다 7~10배나 많은 물이 지구 맨틀에 있다는 연구 결과가 있다. 많은 물이 맨틀 광물 안에 (OH) 형태로 자리를 하나 잡고 있다가 세상이 바뀌면 지구 표면으로 나오게 된다. 맨틀 플룸 (mantle plume)의 형태로 열점 화산을 통하기도 하지만, 주로 판이 확장되는 경계에 있는 열곡대를 통해 많은 양의 가스와 함께 지표로 유출되고 있다. 이렇게 지구 표면으로 탈출한 가스가 지구의 기권과 수권을 이루게 된다.

지구의 자기권

지구 대기에 오존층이 생성되기 전에는 생명체가 수면 위에서는 살 수가 없었다. 따라서 생물체의 생존 및 활동 영역은 해수면 아래였다. 이후 기권에 산소가 많아지면서, 태양의 자외선에 의해 상당량의 산소 분자(O_2)가 해리되면서 산소 원자(O^-)가 만들어졌다. 이렇게 분리된 원자는 분자와 결합하여 오존(O_3)이 되었다. 이런 화학 작용이 오랫동안 지속되면서 오존층이 충분히 두꺼워지자 지구 표면은 자외선을 막아낼 수 있는 안전한 환경이 되었다. 비로소 바다 속 생명체가 수면 위에서의 생존을 보장받게 된 것이다.

그러나 자외선보다 더 위험한 것이 우주선(cosmic ray)이다. 만약 우주 공간을 휘젓고 다니는 우주선과 함께 태양풍을 구성하는 하전 입자(charged particle) 무리가 곧바로 지표에 도달한다면, 지구에는 어떤 생명체도 살아남을 수 없다. 태양풍의 경우, 지구에 도달할 때 속도가 초속 200~750km 정도이다. 태양풍의 속도가 매우 빠르기 때문에 에너지 역시 매우 크다. 좋은 예로, 혜성의 꼬리는 태양풍의 압력에 의해 만들어진 것이다. 따라서 태양의 반대 방향으로 뻗어 나간 꼬리의 규모로부터 태양풍 압력의 크기를 가늠해 볼 수 있다.

그렇다면 이렇게 강력한 하전 입자 무리가 지표까지 왜 도달하지 못하는 것일까? 그것은 바로 지구가 자기권이란 방패로 막아낼 수 있기 때문이다.

1958년 지구 자기권(magnetosphere)을 조사하기 위해 발사한 탐사 로켓에 미국 아이오와 대학의 밴 앨런(James Van Allen, 1914~2006) 연구팀은 자기권 검출 기기를 장착하였다. 검출기를 이용하여 얻은 탐사

자료를 분석하여 밴 앨런팀은 지구 자기권역의 존재를 규명하게 된
다. 이 권역이 밴 앨런 복사대(Van Allen radiation belt)이며, 간단히 '밴앨
런대'라 한다(그림 2-10). 태양으로부터 날아오는 양성자와 전자는 지구
의 자기권에 붙잡히게 되면서 대기권을 통과할 수 없다. 대전된 입자
가 안쪽과 바깥쪽의 두 영역으로 나뉘어 있는 밴앨런대라는 덫에 걸
려들면, 지구의 자기력선을 나선 형태로 빠르게 돌면서 지구의 남극
과 북극 사이로 왕복운동을 하게 된다.

고도 3,000㎞에 위치하는 안쪽 밴앨런대에는 양성자 입자가 붙들
려 있다. 안쪽 밴앨런대는 비교적 안정된 형태로 모양과 크기의 변화
가 거의 없다. 그러나 안쪽 밴앨런대에 비해 뚜렷하게 모양과 크기가
변하는 바깥쪽 밴앨런대는 지구 표면으로부터 대략 2만㎞ 고도에 위
치한다. 이 영역은 지구 자기장의 남극과 북극을 잇고 있는 자기력선
을 따라 나선 형태로 운동하는 입자들은 거의 광속에 가까운 속도로

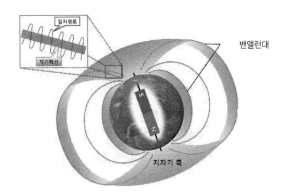

그림 2-10 밴앨런대
전기를 띤 입자가 자기장 주위를 돌면서 어떻게 밴앨런대에 잡힐 수 있는지를 나타낸 모식도.

왕복운동을 할 만큼이나 매우 활성화된 에너지 공간이다. 물론 안쪽 밴앨런대에서도 같은 형태로 양성자가 왕복운동을 하고 있으며 왕복 주기는 바깥쪽 밴앨런대에 비해 상대적으로 짧다. 지구 자기권의 경계면 모양은 비대칭이다. 비대칭인 이유는 지구 자기권이 태양풍의 강한 압력을 받아 지구를 기점으로 태양의 반대쪽으로 밀려서 길쭉하게 늘어진 형태로 왜곡돼 버렸기 때문이다.

밴앨런대는 지구가 자기장을 가지고 있기 때문에 만들어진 것이다. 그렇다면 지구의 자기장은 어떻게 발생하는 것일까? 지구 핵이 자성을 띨 수 있는 철로 구성되어 있으며, 고체인 내핵 주위를 액체 상태 외핵의 대류하면서 발생한 전류에 의해 자기장이 생성된다(6장 참조). 지구의 자전운동 역시 지구 내부 전류를 유도하는 데 있어 하나의 요인으로 작용한다. 지금 이 순간에도 지구의 자기권은 치밀하게 우주선의 공격을 방어하고 있다. 밴앨런대는 지구 생명을 이어가는 공기와 물만큼이나 중요한 지구 지킴이인 셈이다.

지질 시대

지구 생성 이후, 35억 년 전부터 시작된 생물체의 출현과 진화 및 번성 그리고 멸종은 끊임없이 반복되었다. 소소한 멸종을 떠나 지질 시대를 통해 모두 다섯 번의 대멸종 사건이 발생하였다. 대멸종이란 지질학적으로 꽤 짧은 시간 안에 다량의 생물종이 사멸한 것이다. 고생대 캄브리아기에는 100만 년 동안 생물종 5개의 패밀리

(family, 과)가 사라지는 멸종 비율을 보이다, 지질 시간이 지남에 따라 멸종 비율은 100만 년에 2개 패밀리로 감소하였다. 대략 이 정도의 비율이 지속적으로 발생했던 것이 자연적 멸종이다.

대멸종 사건은 고생대에서만 세 번 발생하였다. 캄브리아기 이후 오르도비스기와 데본기 말기에 각각 대멸종이 발생하였으며, 이후 거대한 멸종 사건이 페름기에 발생하였다. 마지막 사건을 고비로 고생대는 막을 내렸다. 중생대에도 두 번의 대멸종 사건이 있었는데, 트라이아스기 말과 백악기 말기였다. 마지막 백악기 대멸종 사건을 계기로 신생대로 바뀌면서 공룡은 멸종하고 대신 포유류가 득세를 하게 되었다(그림 2-11 참조). 다섯 번의 대멸종 중에서 고생대 페름기 말과 중생대 백악기 말의 사건만 살펴보기로 한다.

2억 2,500만 년 전인 고생대 페름기 말, 해양 생물 전체 패밀리의 50% 이상이 사라지는 멸종 사건이 발생하였다. 이때는 팡게아(pangaea, 고생대 말기에 지구에 존재하였다는 가설상의 대륙)의 생성이 거의 절정에 이르렀던 시기로 모든 육지가 밀착되면서 대륙은 하나가 되었다. 따라서 땅의 넓이가 가장 작았기 때문에 육상 환경의 안정성은 매우 낮은 상태였다. 팡게아 이전에는 지리적으로 또는 생태적으로 분리된 땅에서 살아가던 생물들이 팡게아 이후에는 하나가 된 땅에 모여 살게 되었다. 개체 밀도가 높아진 환경에서는 생존경쟁이 치열해질 수밖에 없다. 경쟁에서 밀리면 도태하여 멸종을 피할 수 없기 때문이다.

또 하나 변수는 해수면의 변화였다. 특히 천해에 모여 사는 해양 생물은 서식지의 면적과 해수면의 변화에 매우 민감하다. 해수면이

그림 2-11 중생대와 신생대의 경계층

중생대와 신생대의 경계층이다. 이리듐(Ir)이 농집되어 있는 지층이 중생대와 신생대를 경계 짓고 있다. 그림 위쪽의 짙은 색 점토 띠가 경계 지층이며, 두께는 0.6cm 정도이다. 경계 지층의 아래가 중생대의 석회암이고, 위쪽이 신생대 퇴적암이다.

낮아지면 천해의 면적이 줄어들면서 생물종 간의 경쟁은 더욱 치열해진다. 페름기 말, 해수면의 수위는 극히 낮았고 바다의 면적은 매우 좁아졌다. 이처럼 좁아진 지역에 모여 살 수밖에 없었던 생물종 사이에서 생존경쟁이 치열해졌고, 이에 따라 대규모 살육 등이 횡행하면서 대멸종은 필연적인 사건이 되고 말았다. 이 멸종으로 고생대는 끝나게 된다.

다른 하나는 6,500만 년 전 공룡의 멸종 사건이다. 멸종 원인으로 제기된 가장 유력한 이론은 소행성 충돌설이었는데, 1980년 루이스 알바레즈(Luis Walter Alvarez, 1911~1988) 그룹에 의해서이다. 루이스의 아들인 월터 알바레즈(Walter Alvarez, 1940~)는 1970년대 초반 이탈리아 중부, 보타치오 계곡에 있는 석회암층 사이에서 0.6cm에 불과한 얇은 점토층을 발견하였다(그림 2-11). 루이스는 1968년 노벨물리학상을 받은 핵물리학자이다. 아버지와 아들은 이탈리아 시료를 포함하여 덴마크와 뉴질랜드 등지의 중생대 백악기와 신생대 제3기 지층의 경계에 있는 검은색 점토 속에 지각에 비해 100배 이상의 이리듐(Ir) 원소가 들어 있다는 것을 1978년 화학 분석을 하여 밝히게 된다. 이리듐 이상(iridium anomaly)이다. 시료에 따라서 이리듐의 이상치가 평균치의 300배 또는 500배가 넘는 것도 있었다.

이리듐은 친철원소(siderophile element)로, 지각에 존재량은 매우 낮다. 따라서 지구 생성 초기에 지구핵으로 철과 함께 가라앉았을 것으로 추정되고 있다. 대부분의 운석이나 혜성에는 상당량의 이리듐이 들어 있기 때문에, 외계 기원으로 추정하는 것이 더욱 이성적이다. 지구상에 분포하는 원소는 콘드라이트의 비율과 일치하기 때문에 '이리듐 이상'의 기원은 외계라고 이성적으로 설명할 수 있다. 또한 경계층에 포함되어 있는 이리듐의 총량으로부터 계산한 충돌체의 지름은 약 10km 정도인 것으로 추정되었다.

이 정도 크기의 운석이 초속 25km로 지구 표면에 충돌할 때 발생하는 에너지는 지구 표면에 지름이 180km에 달하는 크레이터를 만들 수 있다. 충돌 후 크레이터에서 뿜어져 올라간 먼지가 수개월 동안 햇빛을 차단함으로써 광합성에 의존하는 식물을 우선 고사시켰고, 따라서 초식 공룡이 굶어 죽었을 것이며, 이어 초식 공룡을 먹이로 하는 육식 공룡이 죽을 수밖에 없었을 것이다. 공룡의 멸종이다. 운석 충돌로 인해 이른바 '핵겨울'이 된 것이다. 여기서 또 하나 남는 의문은 운석 충돌 장소가 어디냐는 것이다.

크레이터는 전 세계 어디에서나 발견된다. 현재까지 밝혀진 바에 따르면 공룡 멸종을 일으킨 운석 충돌 장소로 가장 가능성이 높은 지역은 멕시코의 유카탄(Yucatan) 반도이다. 1991년 미국 NASA의 자원 탐사위성인 랜샛(landsat)이 결정적인 증거를 제공하게 된다. 유카탄 반도 북쪽 해안에 있는 마을인 치크쉬러브(Chicxulub)를 중심으로 지름이 50~500m 정도이고 밥공기 모양으로 패여 있는 지형이 원호를 그리듯 점점이 연결되어 있는 이미지가 포착된 것이다. 이곳 지형이 만든 원호를 '세노테의 고리(ring of Cenotes)'라 한다.

지질 조사 결과, 세노테의 고리는 지하에 파묻힌 크레이터 바깥쪽 주변을 따라 생긴 틈을 따라 지하수가 이동하는 유로가 연결되어 생성된 것으로 밝혀졌다. 이 원호의 분포 양상으로부터 파묻힌 크레이터의 지름을 구해 보면, 약 170㎞로 알바레즈 그룹이 예상한 크기와 거의 일치하고 있다. 세노테의 고리의 절반 정도는 바다 쪽에 위치하고 있어 파도와 해류 등에 의해 침식되어 사라진 상태이며, 육지에 남아 있는 나머지 고리에는 소규모의 호수가 분포하고 있다.

지구의 역사

역사는 시간에 대한 일련의 질문에 답을 하는 것이다. 지구는 46억 년 동안 일어난 진화에 대한 답을 우리에게 요구하고 있다. 그러나 지금까지 우리가 지구상에서 발견한 가장 오래된 암석의 나이는 38억 년에 불과하고, 그 이전 8억 년에 대한 직접적인 기록은 없다. 증거가 사라진 것이다.

암석은 생성 당시와 관련하여 수많은 정보를 간직하고 있기 때문에, 역으로 추적하면 암석이 생성되던 때의 지질 환경을 유추할 수 있다. 모든 암석은 광물의 집합체이다. 따라서 이러한 광물을 구별하고, 화성암과 변성암의 조성과 조직의 상호 관계 및 조합을 규명함으로써 조암 광물의 기원을 유추할 수 있을 뿐만 아니라, 암석 생성 당시의 온도, 압력 및 응력 상태 또한 유추가 가능하다.

이에 더하여 퇴적암을 구성하고 있는 광물을 연구하면 근원 물질에 대한 정보뿐만 아니라 퇴적 당시의 환경을 유추할 수 있다. 퇴적암 조직에는 퇴적 당시 유수의 상태와 생성지가 육상인지 또는 해저인지를 지시해 주는 증거가 있다. 뿐만 아니라 퇴적암이 중요한 것은 바로 화석 때문이다. 과거 다양한 시기에 살았던 유기체의 흔적을 대상으로 우리는 어떻게 생명체가 생성되었는가 하는 질문에 깊은 의미를 부여할 수 있다. 지구 진화에 따른 화석의 기록에 근거하여 구분한 시대 구분은 퇴적암의 층서를 상대적으로 대비할 수는 있다.

그러나 이 방법으로는 암석 자체의 절대연령을 알아낼 수가 없다. 암석의 절대연령을 잴 수 있는 방법은 체계적인 야외 지질 조사와 방사능원소연대측정법을 이용하는 것이다.

상대연령 측정 방법

지층 누중의 원리 : 퇴적층에서 하부 지층은 상부에 비해 먼저 퇴적된 것이다. 따라서 각각의 지층에 남아 있는 층서적인 증거는 지질 사건의 선후 관계를 밝히는 데 매우 중요하다. 일련의 퇴적층에서 지층은 아래에서 위로 쌓인다는 것이 지층 누중의 원리(Principle of superposition)이다. 이러한 원리는 스테노(Nicholas Steno, 1638~1686)가 처음 주장하였으며, 스미스(William Smith, 1769~1839)에 의해 지층 층서의 원리로 정립되었다.

지층이 본래 퇴적된 상태, 즉 '지층 수평성의 원리(Principle of original horizontality)'가 적용된다면 이 원리를 적용하는 것은 쉽지만 지층이 역전되어 있는 경우에는 퇴적 구조를 이용하여 상하를 판별해야 한다. 퇴적층의 '측방 연속성의 원리(Principle of original continuity)' 역시 참조해야 한다. 이 원리는 퇴적층은 옆으로 가면서 갑자기 끊어지지 않고 계속 이어진다는 것이다. 퇴적 현상이 연속적이면 시간도 연속적이다. 지층 누중의 원리를 적용할 때 역전된 퇴적 구조에는 연흔, 건열, 점이층리, 사층리 등을 이용하여 상하를 판별할 수 있다. 이외에 조개의 껍데기 화석이나 베개용암 등도 지층의 상하 판별에 이용된다.

동물군 또는 식물군 천이의 원리 : 동물군 또는 식물군 천이의 원리 (Principle of faunal or floral succession)는 고유 지층 내에는 언제나 고유한 화석 집단이 포함되며, 화석의 집합체는 연속된 지층에서 하부로부터 상부로 점이적 변화를 한다는 것을 말한다. 지난 46억 년 동안 지구 상에 나타났다 사라진 동물 및 식물이 지질 시대에 따라 변해 갔다는 원리이다.

화석을 이용하면 지층의 지질 시대와 퇴적 환경을 유추할 수 있다. 지층 사이의 시간차가 있는지 또는 없는지, 즉 정합 관계인지 또는 부정합 관계인지를 화석을 비교하면 알 수 있다는 것이다. 지질 시대가 바뀌면 화석이 변하므로 서로 떨어져 있는 지층을 대비하면 두 지층의 동시성을 밝힐 수 있다. 이에 더하여 지층이 퇴적된 시기의 선후 관계 또한 판별할 수 있다. 이때 이용되는 증거로는 사층리, 점이층리, 연흔, 베개용암, 유기구조, 부정합, 관입암체 등이 있다.

부정합의 법칙 : 부정합면 상하의 지층에서 나타나는 급격한 변화, 지질 구조의 불일치 및 변성도의 차이 등을 통해 부정합을 유추할 수 있다. 이는 지층 사이의 시간적 단절이 길다는 것을 나타내 준다. 즉 지체구조활동 이력과 침식작용 그리고 퇴적작용 사이의 관계를 나타내는 것이 부정합(unconformity)이다.

이에 반해 서로 맞닿아 있는 퇴적암 지층이 연속으로 쌓였을 때, 두 지층 사이의 관계를 정합(conformity)이라 한다. 부정합에는 평행부정합, 경사부정합, 비정합 및 난정합이 있다. 이러한 구분은 부정합면을 경계로 상하 지층의 접촉 상태에 따라 나눈 것이다.

부정합면은 아래 지층이 노출되어 침식작용을 받은 다음, 위 지층이 쌓인 하부의 경계면을 말한다. 부정합에 대해 처음 설명한 사람은 허턴(J. Hutton)으로, 1798년 스코틀랜드 북동해안 시카 포인트(Sika point)에서 경사부정합을 발견하여 두 층 사이의 시간 간격이 상당함을 갈파하였다. 지금은 지층에 대한 연대 측정으로 생성 나이를 알 수 있지만 당시 이런 생각을 했다는 사실은 경이로움 자체이다.

관입의 법칙 : 화성암을 수반하는 암체에서는 기존의 암석에 화성암이 관입하는 구조를 발견할 수 있는데, 관입한 암석은 관입을 당한 암석보다 항상 나중에 생성된 것이다. 관입암은 관입을 할 때 관입을

당한 암편을 포획하므로, 포획암 안에 포획되는 암석은 당연히 오래 전의 것이다. 관입한다는 것은 마그마가 주변의 약한 암석이나 지층을 뚫고 들어가는 것을 말한다. 관입에 의해 생성되는 암석 중, 심성암은 깊이가 깊은 곳에 관입한 마그마가 식어서 만들어진 암석이다. 반심성암은 깊이가 덜한 곳에서 만들어지며 반정 구조를 보인다.

관입의 법칙은 암석 생성 시간의 선후 관계를 밝혀주는 법칙이다. 스코틀랜드 출신의 농부 허턴(Hutton)의 치밀한 관찰력과 예지력에 의해 정립되었다.

절대연대 측정 방법

방사성 동위원소 : 동위원소는 양자의 수는 같고, 중성자의 수가 다르다. 동위원소는 중성자와 양성자를 합한 질량 수로 서로 구분한다. 어떤 특정 원소에서 양성자에 대한 중성자의 비율이 불안정해지면 붕괴가 일어나게 된다. 즉 안정화되기 위해 붕괴하는 것이다.

이러한 과정을 일반적으로 '방사성 붕괴'라고 한다. 방사성 붕괴를 하는 원래의 원자를 '모원자'라고 하며, 방사성 붕괴에 의해 새롭게 만들어지는 원자를 '자원자'라고 한다. 이렇게 모원자에서 자원자로 변하는 속도를 붕괴 속도라고 한다.

방사성 동위원소가 붕괴되는 속도는 물리적 및 화학적 환경의 변화에 영향을 받지 않는다. 이것은 지질학적으로 매우 중요한 것으로, 특정 동위원소의 붕괴 속도는 마그마같이 용융 상태에 있거나 퇴적암같이 물속에 있어도 같다는 것이다.

즉 지질작용에 관계없이 같으므로 지구 물질에 공통적으로 적용할

수 있다. 방사성 원소의 붕괴 속도는 반감기(half-life)를 측정하여 알아
낼 수 있다.

　　광물 연대 측정 : 연대 측정이 가능한 광물과 암석 및 물질로는
저어콘, 우라니나이트, 운모류, 각섬석, 장석류, 화성암, 변성암 등이
있으며, U-238, U-235, Th-232, K-40, Rb-87을 모원자로 하여 측정한
다. C-14은 비교적 짧은 과거의 연대 측정에 이용되는데, 숯, 토탄, 뼈,
직물, 조개껍질, 지하수, 빙하 등이 그 대상이다.

지질 계통

　　　　　지질 계통의 구분에 따라 지질 시대는 크게 이언
(Eon, 현생이언, 은생이언)으로 나뉘고, 이언은 다시 대(Era, 시생대, 원생대,
고생대, 중생대, 신생대)로 나뉘며, 대는 기(Period, 캄브리아기 등), 기는 세
(Epoch, 올리고세 등)로 세분된다. 지구 진화를 일정한 기준에 따라 시대
구분을 하는 것이다. 이를 바탕으로 지질 시대의 지질 계통을 다음과
같이 정리할 수 있다. 각 지질 시대의 지속 기간과 시작 연대가 지금
으로부터 누적되어 표시되어 있다.

지질 계통표

대	기	세/기	지속 기간 (백만 년)	현재 기준 (백만 년 전)
신생	제4	홀로	0.01	0.1
		플라이스토	2.5	2.5
	제3	플라이오	4.5	7
		마이오	19.0	26
		올리고	12.0	38
		에오	16.0	54
		팔레오	11.0	65
중생	백악		71	136
	주라		54	190
	트라이아스		35	225
고생	페름		55	280
	석탄	펜실베이니아	45	325
		미시시피	20	345
	데본		50	395
	실루리아		35	430
	오도비스		70	500
	캄브리아		70	570
원생/시생	선캄브리아		4,030	4,550

03

행성
지구

지각의 암석

화성암

화성암이란 마그마의 분화 및 정출 작용에 의해 생성된 암석이다. 생성 환경에 따라 마그마가 지표면 아래에서 냉각 및 고결되어 만들어진 관입암과 지표로 분출하여 냉각 및 고결된 분출암으로 구분한다. 화성암을 산출 상태로 구분할 경우에는 조화적 관입과 부조화적 관입이 있다. 조화적 관입에 의해 생성된 구조는 첫째, 암상이 있다. 이는 기존의 층리면 또는 성층면 사이로 마그마가 관입한 것이고, 분출 암상은 용암류가 미고화 퇴적층 위로 흘러가 판상을 이룬 것이다. 두 번째 특징으로 병반은 돔 형태의 관입암체이고, 분상암체는 대형 관입암체이다. 부조화적 관입에는 암맥과 저반 및 암주가 있는데, 대규모 심성암체로 면적이 100㎢ 이상이면 저반, 그 이하는 암주라고 한다. 포획암은 화성암체 안에 들어 있는, 기원이 다른 암편이다.

화성암 조직은 현정질 조직과 비현정질 조직으로 구분한다. 현정질은 입자 크기에 따라 조립질(>5mm), 중립질(1~5mm), 세립질(<1mm)로 구분한다. 비현정질은 현미경으로 관찰 가능한 미정질 조직과 전자현미경을 이용해야 볼 수 있는 은미정질 조직으로 나뉜다. 형태에 따라 반정질, 반상, 문상, 취반상, 및 포이킬리 조직 등으로 구분한다.

퇴적암

퇴적암이란 풍화작용과 침식작용에 의해 생성된 물질이 적당한 지형을 갖는 곳에 퇴적되어 만들어진 암석으로, 물 또는 공기에 의해 운반된다. 퇴적암은 쇄설성, 화학적 및 유기적 퇴적암으로 구분한다. 퇴적물이 안착한 다음 퇴적물 공급이 계속되면 아래쪽이 높은 압력을 받게 되면서 공극 속에 있던 물이 밖으로 배출된다. 이에 따라 퇴적물의 부피가 감소하는데, 이를 '다져짐 작용'이라 한다. 그리고 물에 용해되어 공극에 있던 규산분, 석회분, 철분이 퇴적물 입자 사이를 연결시켜 주는 작용을 '교결 작용'이라 한다.

이러한 과정을 거치면서 퇴적물이 화학적으로 균질하게 변하면서 주어진 온도와 압력 조건에 안정된 광물로 점점 변해 가는 재결정화 작용이 뒤따른다. 이러한 일련의 퇴적암 생성 작용을 속성작용(diagenesis)이라 한다. 퇴적물은 속성작용을 거쳐 퇴적암이 된다.

쇄설성 퇴적암은 구성 입자의 크기에 따라 역암, 사암, 미사암, 이암, 셰일 등으로 구분한다. 역암은 표력·왕자갈·잔자갈·왕모래가, 사암은 모래가, 미사암이나 이암은 미사 또는 펄이, 셰일은 점토가 주요 구성물이다.

화학적 퇴적암이란 암석으로부터 녹아서 용액 상태로 존재하던 성분이 침전되어 서서히 고화된 것이다. 이러한 성인의 퇴적암에는 암염·석고·초석 등과 같이 건조한 기후대에 속하는 호수 또는 고립된 바다에서 물이 완전히 증발하면서 침전되어 생성된다. 석회암은 천해수의 온도가 상승할 때 이산화탄소가 분해되어 사라지면서 탄산칼슘이 침전되어 화학적으로 생성된 것이다. 규산 성분이 침전되어 만들어진 처트, 물에 용해되어 있던 철분이 물이 증발되면서 침전되거나 또는 철박테리아에 의해 침전된 철광층도 화학적 퇴적암의 일종이다.

유기적 퇴적물은 생물의 유해가 쌓여서 만들어진 것으로 석회질이 주로 퇴적되어 만들어진 암석과 규질이 퇴적된 암석, 식물이 퇴적된 경우가 있다. 생물의 석회질이 퇴적되어 고화가 되면 석회암이 되는데, 대표적인 것이 산호이다. 석탄은 식물의 셀루로오즈와 리그닌이 두껍게 쌓인 다음 지열과 압력에 의해 탄화가 되면 석탄이 되는데, 탄화가 진행됨에 따라 토탄, 갈탄, 역청탄 및 무연탄으로 변한다. 무연탄으로 변할 때는 높은 압력과 300℃ 이상의 온도가 요구되는데, 따라서 무연탄을 퇴적기원이 아니라 변성기원으로 분류하기도 한다.

변성암

변성작용(metamorphism)이란 구성 광물 및 광물 간의 조직이 고체 상태에서 변하는 것이고, 변질작용(alteration)은 풍화작용으로 광물의 조직 및 구성 성분이 변하는 것이다. 즉, 변성작용에 의해서는 암석의 구성 성분이 변하지 않는다. 변성작용을 받으면, 구성 광물은 새로운 온도와 압력 조건에 맞는 안정된 상태로 변화한다.

변성작용에는 세 가지 유형이 있다. 1) 접촉변성작용으로 관입암상 또는 암맥에 의한 기존 광물의 재결정화 작용이 일어난다. 2) 동력변성작용은 단층이나 습곡 작용에 의한 암석이 파쇄된다. 3) 광역변성작용은 넓은 지역에 걸쳐 온도와 압력이 작용하여 기존 광물의 성분 및 조직들이 변하게 된다.

미세한 퇴적물이나 셰일 같은 퇴적암이 광역변성작용에 의해 판상으로 변성되면 엽리 구조를 갖는 점판암 또는 운모판암 등으로 불린다. 천매암은 점판암이 보다 더 변성된 암석으로 엽리면을 따라 강한 광택을 보이며, 파상의 굴곡면을 갖는다. 편암은 편리를 갖는 조립질암으로, 운모에 의한 편리면이 잘 발달되어 있다. 편마암은 중립 및 조립질의 호상 구조를 나타내며, 주로 운모가 풍부한 층과 석영 및 장석이 풍부한 층이 반복되어 나타난다. 원암의 종류에 따라 화성암이 변성되면 정편마암, 퇴적암인 경우 준편마암으로 나눈다. 정편마암의 경우 화성암의 종류에 따라 화강편마암·섬록편마암 등으로 구별하며, 구성 광물에 따라 화강암질 편마암·흑운모 편마암·각섬석 편마암 등으로 구분한다.

괴상암체 변성암이란 암석이 마그마에 의해 관입을 당하면 주변의 접촉부가 열에 의해 재결정작용이 일어난 암체로, 접촉변성암이라고도 한다. 혼펠스가 대표적이다. 혼펠스는 광물 입자의 방향성이 나타나지 않으며, 셰일이 접촉변성작용을 받은 것이다. 석회질 암석의 경우 Si가 불순물로 있으면 규회석이 생성되고, Mg나 Al 성분이 불순물로 들어 있으면 휘석이나 각섬석 또는 석류석이 생성되는 석회규산염암이 된다.

스카른은 조립질의 칼크-규산염 암석으로, 석회암이 마그마와 접촉하여 생성된다. 규암은 사암이 변성된 것으로 괴상이거나 또는 엽리 구조를 갖는다. 대리암은 방해석이나 돌로마이트가 변성된 암석이고, 사문암은 단일 광물인 사문석이 변성작용을 받아 생성된 암석이다. 각섬암은 각섬석이 변성된 암석이다. 이에 더하여 고용체로 이루어진 암석으로는 에클로자이트(eclogite)가 있는데, 옴파싸이트(omphacite : 제이다이트(jadeite)와 투휘석(diopside)의 고용체)가 변성되어 생성된 암석이다.

전단작용에 의해 생성된 암석은 다음과 같다. 먼저 압쇄암은 세립의 대상 또는 선상 구조를 보이는 파쇄변성암이다. 필로나이트는 입자 크기가 1㎜ 정도인 압쇄암이다. 카타클래사이트는 대상 또는 선상 구조가 없는 변성암이다. 안구상 편마암은 호상편마암의 우백질대가 파쇄되거나, 큰 반상변정이 마멸되고 신장되어 안구 모양의 구조를 갖고 있다.

지질 작용

지구상에서 발생하는 지질작용은 태양에 의한 열에너지와 지구의 중심과 지표면의 물체 사이에 작용하는 중력에너지가 동력원이다. 지구 표면에서 기권과 수권의 영향을 받아 암권에서 발생하는 지질작용을 지구 내부의 요인이 배제된 외인적 작용(exogeneous process)이라 한다. 외인적 작용에는 지형의 고도를 낮추는 삭평형 작용과 반대로 고도를 높이는 적평형 작용이 있다.

이에 반해 지구 내부 에너지의 영향을 받아 발생하는 지질작용에는 판구조 운동과 지진 발생 및 화산 활동 등이 있는데, 이를 내인적 작용(endogeneous process)이라 한다. 판구조 운동에 대해서는 별도로 다루고 있으므로, 여기서는 지진, 화산 그리고 지진과 화산에 의해 발생하는 현상인 쓰나미에 대해 살펴보기로 한다.

외인적 작용

풍화작용 : 풍화작용은 암석이 토양으로 변화하는 과정을 말한다. 풍화작용의 정도를 조절하는 인자로는 기후, 지질 구조, 암상의 광물 조성과 조직 그리고 시간 등이 있다. 풍화작용은 물리적(기계적) 작용과 화학적(변질) 작용으로 나눌 수 있다. 물리적 작용으로 큰 암체가 절리 등에 의해 파괴되거나 또는 부스러져서 작은 암설로 변해 가지만, 암석을 구성하는 광물의 화학 성분에는 변화가 없다. 이에 반해 화학적 풍화작용은 변질작용으로 구성 광물이 전혀 다른 결정 구조와 화학 성분을 갖는 광물로 변해 가는 과정이다.

침식 및 운반 작용 : 침식작용은 빗물이 사면을 흘러내리면서 암석이나 토양의 알갱이를 쓸어내리는 과정을 말한다. 바람과 빙하에 의한 침식작용도 있다. 지하에서도 유동하는 지하수에 의해 암석은 침식된다. 유수(강, 계곡), 지하수(석회동굴), 바람(사구, 황사 현상), 빙하(빙식 지형, U자곡), 파랑(사빈, 단애), 해류(해변) 등과 관계 있는 작용이다. 침식된 물질은 유수 등 운반 매체에 의해 운반된다. 하천의 경우, 유수에 의해 운반되는 퇴적물은 두 종류로 구분할 수 있는데, 하나는 하천 바닥을 따라 움직이는 '밑짐'과 다른 하나는 물에 떠서 운반되는 '뜬짐'이다. 화학적 풍화작용에 의해 물에 녹은 다음 운반되는 '녹은짐'도 있다.

퇴적작용 : 퇴적작용은 해성층 및 육성층과 관련 있다. 주로 물에 의해 퇴적작용이 진행되지만, 바람이나 빙하에 의해서도 퇴적작용은 일어난다.

내인적 작용

내인적 작용은 지구 내부 에너지에 의해 지표에서 야기되는 작용으로, 지각 변동(판의 이동, 습곡산맥의 형성, 융기 및 침강 등), 화산 활동, 지진 발생 등이 있다. 여기에 쓰나미를 추가하여 설명하기로 한다.

화산 : 화산은 마그마 방이 화도를 통해 용암, 가스, 화산재 등을 분출하는 곳이다. 현재 세계 도처에 분포하는 활화산의 수는 500~600개이다. 화산은 암권이 지속적으로 생성하고 소멸하는 판의 경계부에 주로 분포하고 있으며, 맨틀 플룸에 의해 생성된 열점이 위치하는 판의 내부에도 있다.

화산을 인간의 관점에서 보았을 때 첫 번째 측면은 자연재해이다. 서기 79년 베수비오(Vesuvius) 화산의 분화로 인한 폼페이 시의 몰락이 가장 좋은 실례이다. 두 번째는 지구 내부에 관한 정보를 제공해 준다는 것이다. 지표면 아래에서 생성되어 마그마 방으로 유입된 내부 물질이 지표면 위로 분출하면서 지구 내부의 온도-압력 환경과 화학 조성에 대한 정보를 전해 주는 메신저 역할을 한다.

화산(volcano)은 로마 신화에 나오는 불의 신 불카누스(Vulcanus)가 어원이다. 불카누스는 불카노(Vulcano) 섬에 살면서 여러 신을 위해 대장장이 노릇을 했다고 한다. 전쟁의 신 마르스(Mars)에게는 무기를, 헤라클레스에게는 갑옷을, 주피터에게는 천둥과 번개를 만들어 준 신이 바로 불카누스이다.

고대 그리스-로마 시대에는 화산을 다음과 같이 생각하였다. 피타고라스(BC 582~493?) : 화산의 원인은 지구 속에 있는 불에 있다. 엠페도

클레스(BC 495~435?) : 지구 내부는 녹아 있다. 스트라본(BC 63~24?) : 화산은 지하에 축적된 가스 물질이 탈출하는 곳이다. 세네카(BC 47~ AD 65?) : 화산은 지구 속에 녹아 있는 물질과 지표를 연결하는 통로이다.

화산 폭발은 예측 가능한가? 역사상 화산 폭발의 예를 보면 그렇지 못한 것 같다. 파리큐틴(Paricutin) 화산(1943.2월, 멕시코), 펠레(Pelee) 화산(1902.5월, 성 피에르 시), 베수비오(Vesuvius) 화산(79년 폼페이) 등이 예견하지 못한 화산 폭발이었다. 이에 비해 최근에는 지구물리학적 모니터링, 즉 화산의 지진 데이터를 분석하거나 화산의 정상부와 경사면의 변위를 측정하여 폭발을 예견하기도 한다. 세인트헬렌스(St. Helens) 화산(1980.5월, 미국 워싱턴 주)이나 하와이의 킬라우에아(Kilauea) 화산, 아이슬란드의 레이캬비크(Reykyavik) 화산이 그렇다.

우리나라의 경우, 발해가 멸망한 원인이 백두산 폭발과 관련이 있을 것이라는 연구가 흥미를 끈다. 아쉽게도 백두산 분출에 대한 기록은 어디에도 남아 있지 않다. 907년 당나라가 망했을 때 패권을 다툴 수 있는 나라는 발해와 거란이었다. 발해는 20여 년도 채 지나지 않은 926년, 거란에 의해 멸망한다. 1990년 일본의 연구에 따르면 이즈음에 백두산이 폭발하면서 생긴 50㎦ 정도 되는 화산 분출물 중 일부 화산재가 일본 홋카이도까지 날아가 쌓여 있는 지층이 발견되었다고 한다. 분출물 중 상당량은 백두산 인근을 파괴했을 것으로 추정되는데, 아마도 2,000㎦의 넓이에 화산재와 쇄설물이 쌓였을 것으로 추정하고 있다. 당시 백두산 분출물은 최근 발생한 필리핀의 피나투보 화산 분출물의 10배 정도로 추산하고 있다. 백두산 폭발과 발해의 멸망 연관성에 대해 반대하는 의견 역시 제기되고 있어, 이 문제는 역사가와 지질학자가 앞으로 같이 해결해야 할 숙제라고 할 수 있다.

　화산의 폭발성은 '화산폭발지수(Volcano Explosion Index, VEI)'에 의해 등급이 정해진다. VEI는 0(온순)에서 8(격렬)까지 9등급이다. 1815년 분출한 인도네시아 '탐보라 화산(Gunung Tambora)'의 폭발지수는 7이었다. 지금까지 8 이상 되는 화산 분화는 인류의 역사 시대에는 없었다. 1980년에 분출한 미국의 세인트헬렌스 화산의 VEI는 5였다. VEI가 8을 기록한 마지막 화산은 인도네시아 수마트라의 토바(Toba) 화산으로 7만 4,000년 전에 폭발하였다. 엄청난 양의 화산재와 가스가 태양을 가리는 바람에 수십 년 동안 '화산 겨울'이 지속되었다고 한다. 토바의 화산재 분출량은 1,000㎦(VEI 8)였고, 세인트헬렌스(VEI 5)의 경우는 0.1~1.0㎦였다. 우리는 세인트헬렌스 화산이 폭발하는 장면과 이에 따른 피해 상황을 방송매체를 통해 볼 수 있었다. 이러한 관찰을 바탕으로 토바 화산의 분출량을 가늠한다는 것은 상상하기조차 벅찬 일일 수밖에 없다.

　지진 : 지진은 옛사람들에게는 매우 외경스러운 자연현상으로 받아들여졌다. 지진이 많이 발생하는 일본에서는 사람들이 지진이란 큰 메기가 땅속에서 꿈틀거리면서 발생하는 땅의 흔들림으로 오직 신만이 조정할 수 있다고 믿었다. 그런가 하면 그리스의 지리학자 겸 역사가였던 스트라본(Strabo, BC 63~AD 24)이나 아리스토텔레스는 에게 해의 파도가 심하게 치면서 생긴 바람이 지하에 불을 붙이면 지진이 발생한다고 여겼다. 기원전 780년부터 약 3,000년에 걸친 중국의 역사서에는 지진 관련 사건이 방대하게 기술되어 있다. 이에 더하여, 지난

1,700년 동안 이슬람권역에서 발생한 지진 기록에 근거하여 당시 상황을 되짚어 볼 수 있다. 인류 역사에서 최악의 지진은 1556년 중국의 산서(Shan-xi)에서 발생한 것으로, 사망자가 약 83만 명인 것으로 알려지고 있다.

우리나라의 경우 규모 6.0 이상으로 추정되는 지진에 대한 기록이 신라의 서울이었던 경주에서 서기 89년 발생한 것을 시초로, 1810년 함경도에서 발생한 지진까지 『삼국사기』, 『고려사』 및 『조선왕조실록』에 기술되어 있다. 이러한 역사서에는 지진 발생의 양상 및 지진 피해 등에 대한 기록이 자세하게 기술되어 있다. 지진에 대한 계기 관측은 1926년부터 시작되었으며, 쌍계사 지진(1936년), 홍성 지진(1978년), 경주 지진(2016년) 및 포항 지진(2017년) 등이 규모 면에서 주목할 만하다. 대한민국 정부 수립 후인 1945년부터 1978년까지는 우리나라 기상청이 지진 관측망을 갖추지 못했기 때문에 한반도에서 발생했던 지진에 대한 기록은 없다. 따라서 1926년부터 1942년까지의 지진과 1978년 이후의 지진만이 계기에 의해 관측되고 기록되었을 따름이다.

2016년 9월에는 규모 5.4의 지진이 경주 인근에서 발생하였다. 경주 지진은 전조 지진 이후 강력한 본진이 발생하였으며, 며칠에 걸쳐 수백 차례 이상의 여진이 이어질 정도로 강한 지진이었다. 다음해 11월에는 경주 인근 포항에서도 지진(규모 5.5)이 발생하였다. 이처럼 우리나라도 지진이 몇 년 또는 몇십 년에 걸쳐 발생하고 있지만 여전히 지진의 안전지대로 인식되고 있다.

현대적 의미의 지진학은 지진관측소가 20세기 초엽 설치되면서 시작되는데, 1906년 샌프란시스코 지진이 도화선이 되었다. 지진의 모니터링에 대한 네트워크의 필요성을 인식하게 되면서 범세계적인 표준 네트워크(worldwide standardized network)가 설치된 것이다. 지진으로부터 위험하지 않은 곳은 없다. 단지 위험도에 차이가 있을 뿐이다.

지진파는 실체파와 표면파로 구분된다. 실체파는 P-파와 S-파로, 표면파는 레일레이(Rayleigh)파와 러브(Love)파로 나뉜다. 인공적 방법에 의해 발생한 지진파를 탄성파라 한다. 탄성파는 육지의 지하 또는 표면, 해상에서도 적절한 에너지원을 이용하여 발생시킬 수 있다. 지진의 진원지는 응력으로 인해 단층이 발생하기 시작하는 지점이며, 진앙지는 진원지에서 수직 방향으로 바로 위에 있는 지표 지점이다. 대개의 뉴스 매체에서는 진앙지의 위치만을 보도하고 있으나, 진원지의 위치와 깊이는 지진에 의한 피해를 가늠하는 데 매우 중요하다.

진원지의 깊이는 불과 수 킬로미터에서 거의 660km에 육박하는 깊이까지 그 범위가 매우 넓다. 지진은 진원의 깊이에 따라 심발지진(300~660km 깊이), 중발지진(70~300km 깊이), 천발지진(70km 깊이까지)으로 구분한다. 그러나 많은 경우 지진의 진원지는 60km 정도 지하에 위치하며, 깊이가 얕아질수록 지진에 의한 피해는 커지게 된다.

판의 경계뿐만 아니라 판의 내부에서도 지진은 발생한다. 즉, 지진이 발생하는 장소는 판의 경계부와 판의 내부이다. 여기서 판(plate)이란 지구의 지각과 상부 맨틀을 포함하고 있으며, 온도는 낮고 딱딱한 성질을 갖고 있는 암석 덩어리이지만 지구 전체로 보면 매우 얇은 껍질에 불과하다. 지구 표면은 이러한 판이 여러 조각으로 나뉘어져 있다(5장 참조).

이렇게 나뉘어져 있는 판은 판 아래에 있는 물질, 즉 약권의 거동에 따라 옆으로 움직이게 되는데, 이렇게 측방 운동을 하는 동안 지질학적 사건이 발생한다. 이때 발생하는 많은 사건 중 으뜸이 지진이다 (그림 3-1).

이와 더불어 화산 활동은 물론 변성작용 등도 일어나고 있다. 해저 지진에 의해 유발되는 쓰나미도 이러한 사건에 속한다. 특히 성질이 비슷한 두 개의 판이 서로 만나 충돌하거나 또는 성질이 다른 두 판이 만나 힘을 겨루게 되면 사건의 규모는 커지게 된다. 전자의 경우가 인도판이 유라시아판과 충돌하여 히말라야 산맥을 만든 일이고, 후자의 경우 중 하나가 나즈카(Nazca)판이 남아메리카판과 겨루면서 큰 지진을 발생시키고 있는 사건이다. 태평양 동남쪽에 위치한 나즈카판은 남아메리카판의 하부로 파고들며 맨틀 속으로 섭입하게 되는데, 이때 경계에 위치하고 있는 암석층은 서로 꽉 눌린 상태로 응력이 점점 높아지면서 휘어지게 된다. 즉 습곡이 만들어지는 것이다. 습곡 상태

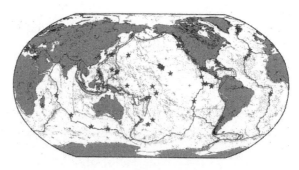

그림 3-1 판의 경계와 지체 구조 운동
대서양, 인도양 및 태평양에 발달되어 있는 판의 경계를 보여주고 있다. 환태평양 연안을 하나로 묶어 '불의 고리(ring of fire)'라 부른다. 지진과 화산이 빈번하게 발생하는 지역이기 때문이다. 별표는 지체 구조 운동, 즉 화산과 지진으로 주목받고 있는 지점이다.

에서 힘겨루기가 계속되면 이미 휘어져 있던 암석이 한계에 이르러 파쇄가 되면서 지층이 깨지게 되는데, 이것이 바로 '트러스트 단층'이다. 트러스트 단층은 일종의 역단층으로 단층선의 경사가 20°보다 낮다. 이러한 단층의 규모가 매우 크면, 즉 지진의 규모가 큰 경우에는 '메가 트러스트(mega thrust) 단층'이라는 표현을 쓰기도 한다.

지진의 크기를 정량적으로 분석하여 결정하는 방법도 있다. 지진의 규모(magnitude)와 진도(intensity)가 그것이다. 규모는 여러 방법으로 나타내는데, 리히터 규모(Richter magnitude, M)는 지진을 비교할 때 쓸모가 있다. 지진이 발생하면 M은 진앙지로부터 100㎞ 정도 떨어져 있는 표준 지진계에 기록된 지진파의 가장 큰 진폭을 이용하여 결정한다. 진폭의 단위는 1mm의 1/1,000이다. 최근에는 M보다 M_W를 많이 이용하는데, M_W를 모멘트 규모(moment magnitude)라 한다. 지진에 의해 발산되는 에너지는 M_W에 비례한다. 에너지와 규모의 관계는 산술적이 아니라 기하급수적인 관계이다. 예를 들어 M_W=5인 지진은 M_W=4인 지진에 비해 방출하는 에너지가 32배이다. 일반적으로 M_W가 8 이상 되는 지진은 1년에 한 번 정도 발생하며, 7~7.9M_W인 지진은 18번, 6~6.9인 지진은 120번, 5~5.9M_W인 지진은 800번 정도 발생한다. 그 이하 3~4의 약한 지진은 모두 합쳐 5,600여 번, 이보다 약한 미진은 하루에 9,000번 정도 발생하는 것으로 집계되고 있다.

모멘트 규모(M_W)는 규모(M)에 비해 새로운 개념으로 1970년대 말, 미국 캘리포니아 공과대학(Caltech)의 가나모리(Hiroo Kanamori, 1936~)가 제안하였다. 이에 비해 정성적으로 지진을 비교하는 스케일을 진도라 하며, 개정된 머캘리 스케일(modified Mercalli scale)을 사용한다. 이 스케일은 모두 12등급으로 나뉘어져 있다. 진도는 지표면에서 지진이 발생했을 때 사람이 느끼거나 반응하는 정도와 건물을 비롯한 건축물과 구조물이 파괴되는 정도에 따라 결정된다. 따라서 규모는 같으나 진도는 지역에 따라 다르게 부과되는데, 이러한 차이가 발생하는 이유는 진앙지로부터 거리나 지질 조건 등 많은 변수가 영향을 주기 때문이다. 진도 I은 거의 사람이 느낄 수 없을 정도이지만, 가장 큰 진도인 진도 XII에서는 거의 모든 구조물이 파괴된다.

지진에 대한 의문은 많다. '지진이란 무엇인가'라는 근본적 질문부터 지진파의 성질, 지진 발생에 대한 예측은 가능한가, 또한 지진을 조절하고 조정할 수 있을까 하는 것 등이다. 이에 더하여 현실적으로 일상생활과 관계 있는 건축물에 대한 내진 설계와 같이 해결하고 동시에 대처해야 할 많은 문제가 우리 앞에 놓여 있다. 반면 우리는 지진파를 이용하여 유용한 광물 및 에너지 자원을 찾아낼 수 있으며, 지구 내부에 대한 많은 정보를 얻을 수 있다.

또한 지진은 쓰나미의 원인이 될 수 있다. 따라서 쓰나미와 관련이 있는 해당 국가는 쓰나미에 대한 정보 교환과 피해 발생을 줄이기 위한 노력을 하고 있다. 쓰나미가 무엇인지 조금 더 가까이 다가가 보기로 하자.

쓰나미 : 태평양이나 인도양의 해안은 지진이나 화산 폭발 위험이 매우 높은 지역이지만 이에 못지않은 또 다른 재앙이 있는데, 그게 바로 쓰나미이다. 해양저에서 지진이 발생하여 해저 지형에 단층이 생기면 이로 인해 바닷물이 요동을 치면서 거대한 파도가 발생하게 된다.

이렇게 시작된 파도는 진앙지를 중심으로 퍼져나가면서 사방팔방으로 파동 운동을 계속한다.

이런 파도가 해안선에 도달하게 되면 파도의 높이가 최고조가 되어 해안을 덮치는데, 이러한 해파를 '쓰나미(tsunami, 진파(津波))'라고 한다. 쓰나미는 1897년 영어 'tsunami'로 처음 표기되었으며, 1963년부터는 지구과학 분야에서 '해저 지진 및 화산 폭발에 의해 유도된 거대한 해파'를 가리키는 과학 용어가 되었다.

1896년 6월 일본 해구에서 발생한 쓰나미가 혼슈(Honshu) 동쪽 해안에 있는 어촌 마을인 산리쿠(Sanriku)를 강타하는 사건이 발생했다. 이 지진해파는 인류 역사상 최악의 쓰나미로 평가되고 있다. 일본 해구는 혼슈로부터 태평양 쪽으로 700㎞ 정도 떨어져 있는데, 태평양판이 북서진하여 유라시아판 아래로 섭입하는 수렴 경계이다. 이러한 이유로 일본에는 지진 발생과 화산 활동이 그치지 않고 있다. 쓰나미가 갑자기 덮친 산리쿠에서는 1만 가구 이상의 가옥이 파손되었고, 약 2만 6천 명이 넘는 주민이 목숨을 잃었다. 이때 발생한 쓰나미는 태평양 쪽으로도 나아가 하와이 섬(Big island of Hawaii)의 수도인 힐로(Hilo)에 도착하였을 때 해파의 높이가 무려 3m에 달했다고 한다. 이 쓰나미는 동쪽으로 계속 나아가 북아메리카 서부 해안에서 반사한 다음 뉴질랜드와 호주 해안까지 도달하였다.

세월이 한참 흐른 뒤인 1933년 3월 2일 산리쿠에 쓰나미가 또다시 들이닥쳤는데, 이때는 약 3,000명이 목숨을 잃었다. 산리쿠 마을이 있는 일본의 동북 지방에는 2011년 3월 11일에도 규모 9.0의 도호쿠(Tohoku) 해저 지진으로 인해 발생한 쓰나미가 도달하여 해안에 위치한 도시는 물론, 원자력발전소를 파괴시키면서 방사성 물질이 유출되는 대참사를 일으켰다.

2004년 12월 25일에는 스리랑카 및 태국 일원의 관광휴양도시 등을 덮친 쓰나미로 인해 인도양 해안에서도 대규모 참사가 발생하였다. 인도네시아 수마트라 섬 인근 인도양 해저에서 발생한 규모 8.9의 지진에 의해 유발된 쓰나미는 태국을 비롯하여 인근의 인도네시아, 스리랑카, 인도 그리고 아프리카에서까지 모두 23만 명이 넘는 인명 피해와 더불어 막대한 재산 피해를 입혔다. 우리나라 관광객 사상자도 20여 명에 달했다.

쓰나미 피해는 항상 해안을 따라 발생한다. 이러한 피해는 쓰나미가 갖고 있는 잠복성 때문이다. 태평양 같은 큰 바다에서 쓰나미의 파장은 100km 이상이며, 파도의 높이는 1m를 넘지 않는다. 이렇게 매우 긴 파장과 너무나 낮은 파고 때문에 쓰나미가 지나가는 경로에 배가 있다 하더라도 쓰나미의 진행을 전혀 느낄 수가 없다. 파장이 아주 길기 때문에 속도 역시 매우 빠르다. 대양을 전파하고 있는 쓰나미의 속도는 $\sqrt{gd}$로 나타낼 수 있는데, 여기서 g는 중력 가속도(9.8m/sec^2)이고 d는 바다의 깊이(단위 : m)이다.

간단한 예로, 깊이가 5km인 태평양을 가로질러 쓰나미가 지나가고 있다면 해파의 속도는 시속 약 800km이다. 이 속도는 지상 10km 정도에 발달되어 있는 제트 기류의 속도와 거의 같다. 쓰나미의 속도는 바다의 깊이에 비례하므로 깊이가 얕은 바다에서는 해파의 진행 속도가 느려진다. 대양에서 빠른 속도로 전파하던 쓰나미가 섬과 같은 장애물을 갑자기 만나게 되면 깊이가 갑자기 낮아짐에 따라 진행 방향으로 작용하던 바닷물의 에너지가 물을 위쪽으로 솟구치게 한다. 수심이 깊은 먼 바다에서는 파고가 낮아 관측되지 않던 쓰나미가 섬이나 해안선을 만나게 되면 파고가 갑자기 높아지게 되는 것이다.

지진해파경보체제(seismic sea wave warning system)는 1946년 4월 1일 알래스카 알류샨 열도에서 발생한 쓰나미의 피해를 본 직후에 만들어졌다. 시스템 본부인 태평양 쓰나미경보센터(Pacific Tsunami Warning Center)는 하와이 주의 서울인 호놀룰루(Honolulu)에 소재한다. 지진이 발생하면 모든 통신수단을 동원하여 제반 사태 및 모든 상황에 대한 정보가 이 경보센터로 집결된다. 지진해파경보체제에 참여한 나라는 태평양에 인접한 국가로, 미국·일본·대만·필리핀·피지·칠레·홍콩·뉴질랜드·사모아 등이다. 당시에는 이와 같은 시스템에서 발령된 쓰나미 경보(tsunami alerts) 덕분에 태평양 인접 국가나 섬에서는 쓰나미로 인한 피해를 예방하는 소기의 성과를 거둘 수 있었다.

현재 경보시스템은 해양 수면에 설치된 지진 센서와 파도의 높이를 측정하는 센서가 계측한 데이터를 15분마다 인공위성을 이용하여 각국의 지진연구소로 송신한다. 데이터 분석 결과에 따라 경보 발령 여부가 결정된다. 이와 같은 경보시스템이 태평양에서는 작동되어 왔던 반면, 인도양에 인접한 국가에게는 관심 밖이었는데, 이러한 무관심의 결과가 2004년 12월 25일 인도네시아에서 발생한 쓰나미에 의한 피해였다.

이 대참사 이후, 2004년 당시 인도양에는 4개에 불과하던 지진 센서가 2015년에는 50개 이상 설치되었다. 현재 태평양에 설치된 지진 센서는 200개가 넘고, 파고 계측 장비는 400개 이상이 설치되어 운용되고 있다. 쓰나미 경보는 이제 범지구적 경보 체제가 되었다.

대서양은 태평양이나 인도양에 비해 쓰나미 위험에 노출되어 있지는 않다. 이러한 이유는 단층을 발생시킬 수 있는 섭입대가 대서양에는 없기 때문이다. 5대양 6대주 전 세계 지진의 발생 지점을 통계적으로 처리해 보면 일정한 패턴을 발견할 수 있다. 가장 인상적인 패턴은 태평양 연안을 따라 원형을 그리며 진앙지가 분포하고 있는 것이다. 이 연결 지역을 '불의 고리(ring of fire)'라 한다(그림 3-1 참조). 물론 화산 폭발도 이 패턴과 거의 일치한다. 이처럼 태평양에는 지진·화산과 더불어 쓰나미에 의한 위험성이 상존하고 있다.

그렇다면 우리나라도 쓰나미의 영향을 받을까? 우리나라는 3면이 바다이다. 남해나 서해에서 쓰나미가 발생할 확률은 매우 낮지만 동해는 다르다. 동해는 태평양판이 유라시아판과 만나 힘겨루기를 하다 맨틀로 회귀하는 도중에 일본열도를 만들면서 생겨난 바다, 즉 배호분지이다(그림 5-1 참조). 동해의 평균 수심은 1,684m로 남해나 서해에 비하면 매우 깊다. 동해의 대륙붕 넓이는 21만㎢이며, 수심이 3,000m 이상 되는 면적이 30만㎢이다. 동해의 북부인 일본 분지는 대체로 수심이 3,000m 이상이고, 남부의 야마토 분지는 2,500m 이상, 서부의 울릉 분지는 2,000m 이상이다. 일본열도에서 해저 지진이 태평양이 아니라 동해에서 일어나 쓰나미가 발생한다면 우리나라 동해안에도 영향을 줄 수 있다.

1983년 5월, 일본 혼슈 아키다(Akita) 현의 서쪽에 있는 동해 해저에서 규모 7.7인 지진에 의해 쓰나미가 발생하였다. 이로 인해 우리나라 동해안으로 90~110분 동안, 10분 주기로 쓰나미가 상륙하면서 묵호

항과 속초항의 해수면 높이를 최고 3m까지 상승 및 하강시켰다. 이에 따라 인명피해와 재산피해가 발생하였다. 당시 우리나라 기상청에는 쓰나미 경보시스템이 없었기 때문이다.

1993년 7월에는 일본 홋카이도 오쿠시리(Okushiri) 섬 북서쪽 동해 해역에서 규모 7.8의 지진이 발생하였다. 이로 인해 발생한 쓰나미가 동해안의 속초항 및 동해항에 약 100분 후에 도달하여 선박 등이 파괴되었다. 이 쓰나미의 주기는 10분이었으며, 최대 파고는 2~3m, 평균 수면의 높이는 1~2m였다. 쓰나미에 의한 수면 변동은 전체적으로 하루 정도 지속되었다. 그러나 이 쓰나미에 대한 기상청 경보가 지진 발생 후 33분 만에 발령되었기 때문에 인명 및 재산 피해를 크게 줄일 수 있었다.

지구 내부

지구상에서 히말라야 연봉, 아프리카 사막, 아마존의 밀림을 비롯하여 북극의 얼음, 남극의 빙하, 태평양 산호초 및 하와이 제도 등 이제는 인간의 발자국을 거부하는 곳을 찾기가 점점 더 어려워지고 있다. 뿐만 아니라 달과 화성을 비롯해 다른 행성이나 소행성 및 혜성에 대한 우주 탐사는 인류의 모험심과 지적 능력 그리고 현대 과학의 힘을 유감없이 과시하고 있다.

그러나 우리가 살고 있는 지구의 겉껍질을 아주 조금만 파보면 미지의 새로운 영역이 있다. 이에 대한 연구는 지구물리학 방법에 의존

할 수밖에 없는데, 지진학의 비중이 가장 높다. 지진파에 대한 연구로 지구 내부 구조를 알 수 있으나, 이러한 데이터는 지구 내부 구성 물질에 대한 정보를 제공해 주지는 못한다.

이에 따라 우회적인 접근 방식이 필요해졌다. 지구 내부를 구성하는 물질에 대한 다양한 문제를 해결하기 위해 가장 기초적이고 근본적으로 물질을 서로 구분해 줄 수 있는 기준인 밀도를 이용하는 것이다. 지구 내부 물질의 밀도와 관련 있는 값이 두 있다. 바로 지구 질량(mass)과 관성 모멘트(moment of inertia)이다. 질량은 부피와 함께 물체의 밀도를 알려주고, 관성 모멘트는 물체 내부에서 밀도의 분포에 대한 정보를 제공해 주기 때문이다.

우선 밀도를 살펴보기로 하자. 밀도는 어떤 물체가 차지하는 부피의 질량이 얼마나 되는가를 나타내는 물질의 고유한 성질이다. 따라서 밀도를 이용하면 서로 다른 물질을 구분해 낼 수 있다.

지구의 모양

지구의 부피를 구하기 위해서는 우선 지구 모양을 정확하게 알아야 한다. 고대 학자들이 주장한 대로 만약 지구가 평평하다면 크기를 가늠하기가 어려워 부피는 물론 무게 또한 잴 수 없었을 것이다.

그런데 고대 그리스의 철학자 아낙시메네스(Anaximenes, BC 585~525)는 지구는 평평하지만 둥근 원반 모양이며, 거대한 공기 주머니 위에서 떠다니고 있다는 주장을 하였다. 아낙시메네스는 밀레토스 학파의 일원이었는데, 이 학파는 탈레스(Thales)가 창시한 동아리로 최초의 유물론학파로 알려져 있다. 탈레스는 만물의 근원이 물이라고 하였으나, 같은 학파에 속한 아낙시메네스는 물 대신 공기라고 했다. 탈레스의 직속 제자인 아낙시만드로스(Anaximandros, BC 610~546)는 지구 모양이 원통형이라고 하였으며, 이에 더하여 지구가 우주의 중심에 있기는 하지만 정확하게 한가운데 있는 것은 아니라는 주장을 펼치기도 했다.

이러한 일련의 사고 전환은 후대 천문학자들이 지구 중심설을 탈피하는 데 나름 사상적 근거를 제공했다는 데 의의가 있다. 고대 그리스의 자연철학이 점차 체계적인 계통을 이루어 가면서 보다 정교해지는 과정에서 지구가 둥글다는 주장이 제기되기 시작했다.

구형설 : 지구가 둥글다는 것을 처음 언급한 사람은 피타고라스 (Phytagolas of Samos, BC 570~500)이다. 피타고라스는 철학자이자 수학자이며 피타고라스학파의 창시자이다. '피타고라스 정리'를 상기해 보자. '지구 구형설'을 주장한 피타고라스의 논리를 풀어 보면 다음과 같다.

수평선이 보이는 바닷가에서 떠나가는 돛단배를 바라보자. 시력이 좋은 사람이 지평선이나 수평선에 위치하는 물체를 식별할 수 있는 거리는 17㎞ 정도이다. 처음에는 크고 가깝게 보이던 배가 점점 멀어지다가, 시간이 더 지나면 돛의 끝부분만 보이다 결국 수평선 아래로 사라져 버린다. 만약 지구가 평평하다면 17㎞ 이상 멀어진 배는 망원경을 이용하여 배율을 높여 가면서 보면 언제까지나 볼 수 있겠지만, 배는 결국 사라지고 만다. 이를 통해 거리의 문제가 아님을 알 수 있다. 지구가 둥글다는 또 다른 증거는 별의 관측 여부인데, 북극성과 남십자성이 매우 좋은 예이다. 왜냐하면 호주에서는 북극성을 볼 수 없고, 몽골에서는 남십자성을 볼 수 없기 때문이다. 지구가 평평하다면 어디서나 시력만 좋다면 어떤 별이든지 볼 수 있어야 한다.

고대 그리스의 자연철학자인 아리스토텔레스(Aristoteles, BC 384~322)는 18세에 아테네로 가서 플라톤(Plato, BC 428~348)의 제자가 되었다. 아리스토텔레스는 자연과학·철학·사회과학 등 다양한 분야에서 수많은 업적을 남겼으며, 각 분야에서 왕성한 저술 활동을 하였다. 소크라테스·플라톤과 함께 아리스토텔레스는 고대 그리스의 가장 영향력 있는 학자로, 근대 서양 철학뿐만 아니라 근대 과학의 기본적인 틀을 잡는 과정에서도 지대한 역할을 하였다.

지구 모양과 관련해 기원전 340년경 지구가 구형일 수 밖에 없는 이유와 증거를 아리스토텔레스는 다음과 같이 제시하였다. 1) 높은 곳으로 올라갈수록 시야가 넓어진다. 2) 해와 달이 뜨는 시각이 동쪽으로 갈수록 빨라진다. 3) 항구에 들어오는 배는 돛대부터 보인다. 4) 월식 때 달에 비치는 지구의 그림자가 둥글다. 5) 북반구에서 북으로 갈수록 북극성의 고도가 높다.

피타고라스의 가르침이 묻어 있는 아리스토텔레스의 이러한 논리적인 주장은 아쉽게도 당시에는 지지를 받는 데 실패하였다. 이 밖에 아리스토텔레스는 현대 지질학의 연구 대상이 되는 주제에 많은 관심을 갖고 견해를 밝혔지만, 당시 만연해 있던 사고와 관념의 차이 때문에 관심을 끌지는 못하였다. 그가 관심을 보인 대상과 현상 및 이에 대한 해석은 현대 지질학의 관점에서 상당수가 틀림없는 사실로 증명되고 있다.

고대 그리스의 수학자이자 지리학자인 에라토스테네스(Eratosthenes, BC 276~194)는 기원전 220년경 지구가 둥글다는 확신을 바탕으로 지구 둘레를 측정하였다. 그는 지리학의 기본 원리를 당시에 이미 정립하였는데, 그가 만든 지리학 용어는 오늘날에도 사용되고 있다. 수학 분야에서는 소수(prime number)를 구분하는 특별한 방법을 고안하기도 하였다. 또한 지구의 자전축이 기운 각도가 23.5°임을 매우 정확하게 계산하였으며, 지구로부터 태양까지의 거리를 계산한 것으로도 알려져 있다. 그는 윤일(leap day)의 필요성을 알고 있었다고 한다. 이집트에서 유학을 한 에라토스테네스는 알렉산드리아 도서관 관장을 역임하기도 했는데, 에라토스테네스의 많은 연구 업적 중 최고봉은 지구 둘레에 대한 그의 아이디어와 측정 과정 및 계산 결과이다.

　이집트의 아스완(Aswan, 당시에는 시에네Syene)에서 하지 정오에 태양광선이 우물의 밑바닥까지 비추는 것을 관찰한 에라토스테네스는 1년이 지난 같은 날, 시에네와 동일한 자오선에 있으면서 북쪽에 위치한 알렉산드리아(Alexandria)에서 수직으로 세운 막대기와 태양광선이 이루는 각이 원 둘레(즉 360°)의 1/50(즉 7.2°)이라는 것을 측정하였다. 시에네에서 알렉산드리아까지의 거리는 낙타의 보폭과 보행 시간을 이용하여 계산하였다. 두 도시 사이의 거리는 약 5,000스타디아(stadia)였는데, 환산하면 925km이다. 에라토스테네스가 두 도시 사이의 거리(925km)와 위도 차이(7.2°)를 이용하여 계산한 지구 둘레는 46,250km였다. 이 수치는 오늘날의 측정값 40,030km와 비교해 보면 15% 정도 차이가 난다. 오늘날에도 에라토스테네스가 이용했던 방법으로 지구 둘레 값을 구하는데, 다만 삼각측량법과 천체 관측 자료를 이용하여 정확도를 높였을 뿐이다. 지구를 완전한 구로 가정하면, 지구의 둘레는 물론 부피, 표면적 등을 구할 수 있다. 이제 지구 질량을 재기만 하면 지구 밀도도 계산할 수가 있다.

에라토스테네스가 죽은 뒤 1700여 년이나 지난 15세기에, 콜럼버스(Christopher Columbus, 1451~1506)는 에라토스테네스가 지구의 둘레에 관해 남긴 여러 기록을 검토하고 분석한 끝에 지구의 실제 둘레는 에라토스테네스가 계산한 수치보다 좀 더 작아야 한다는 결론을 내렸다. 이 결과를 바탕으로 항해 계획을 세운 콜럼버스는 작은 지구를 항해한 끝에 1492년 이른바 '신대륙(실제로는 중앙아메리카의 바하마 제도)'에 상륙하는데, 그곳이 아시아의 인도인 줄로 착각하고 원주민을 '인디언'이라 불렀다.

이후 '둥근 지구'는 포르투갈의 마젤란이 세계일주 항해를 함으로써 확실하게 증명되었다. 1519년 5척의 배로 이루어진 마젤란 선단은 대서양을 종단한 다음 남아메리카 남단(마젤란 해협으로 명명됨)을 돌아 태평양을 횡단한 끝에 필리핀에 도달하였다. 1521년 마젤란이 필리핀에서 전사하자, 선장직을 이어 맡은 스페인 출신의 엘카누(J. S. Elcano)가 항해를 계속하여 출발지인 스페인의 산루칼 항으로 1522년 드디어 귀환하였다. 당시 생존자는 처음 270명 중 18명에 불과하였다. 이에 따라 지구가 공 모양이라는 사실은 당시 유럽인들에게 지구가 해나 달처럼 우주 공간에 떠 있는 존재로 인식되면서, 기존과는 다른 세계관이나 우주관을 모색하는 데 큰 영향을 끼치게 되었다.

지구 모양에 대한 피타고라스의 높고 깊은 예지를 떠나, 백문이 불여일견이다. 눈으로 봐야 사람은 믿는다. 실제로 지구가 둥글다는 것을 우리가 직접 눈으로 확인할 수 있었던 것은 20세기 초반에나 가능하게 되었다. 1935년 미국의 기상 관측 기구인 익스플로러(Explorer) 2호가 고도 22km 상공에서 촬영한 사진을 보면 지구의 지평선(또는 수평선)은 직선이 아니라 곡선이었다.

20세기 중반에는 드디어 우주 시대가 열리게 된다. 1957년 10월 당시 소련(USSR)은 무인 인공위성인 스푸트니크(Sputnik) 1호를 발사하여 지구 궤도에 진입시키는 데 성공하였다. 21일간의 미션을 마친 최초의 인공위성은 지구로 재진입하는 과정에서 연소하여 사라져 버렸다. 소련 비행체의 우주 진입 성공은 냉전 관계에 있던 미국을 자극하여 우주 경쟁이 본격화되었다.

1968년 12월 미국의 달 탐사선인 아폴로(Apollo) 8호는 달 궤도를 순회하던 도중, 지구가 월평선 위로 솟아오르는 '지구돋이'를 촬영하였다. 우리가 아침에 볼 수 있는 해돋이 같은 것으로, '둥근 지구' 전체를 처음으로 찍은 것이다.

이후 우주 탐사가 본격화되어 미국의 NASA는 1969년 7월 20일, 아폴로 11호 우주선을 이용하여 두 명의 지구인을 최초로 달에 착륙시켰다. 그리고 1977년에는 보이저(Voyager) 1호가 지구를 떠난 지 얼마 되지 않아 지구와 달이 함께 있는 사진을 최초로 촬영하기도 하였다(그림 3-2). 달 표면에서 떠오르거나 또는 지고 있는 둥근 지구를 배경 삼아 스마트폰으로 셀카를 찍을 수도 있는 시대에 우리는 살고 있다.

타원체설: 지구 타원체설은 18세기 중반 프랑스 정부가 시행한 측량 결과에 근거해 제기되었다. 1735년 프랑스 왕립과학원은 남미 페루

그림 3-2 우주에서 찍은 지구와 달
지구(아래)와 달(왼쪽 위)을 같이 찍은 최초의 사진이다. 보이저 1호는 2017년 12월 현재에도 Deep Space Network를 통해 NASA의 지시를 받고 있으며, 데이터 역시 회송하고 있다. 2017년 태양과 보이저 1호 사이의 거리는 139AU이다.

의 안데스 산맥에 부게(Pierre Bouguer, 1698~1758) 등이 이끄는 측지팀을 파견하여 측량을 하였다. 측량의 첫 번째 목적은 자오선 1°의 길이를 정확하게 재는 것이었다. 이 측정값을 유럽 핀란드의 북쪽에 위치한 랩랜드(Lapland) 지역에서 측정한 자오선 1°의 길이와 비교해 보기 위해서였다.

프랑스가 측지팀을 파견한 것은 프랑스 과학자와 영국의 뉴턴(Isaac Newton, 1643~1727) 사이에 벌어진 논쟁 때문이었다. 1687년 뉴턴은 '프린키피아(Principia)'에서 지구는 자전을 하고 있기 때문에 원심력에 의해 모양이 완전히 둥근 것이 아니라 극지방은 납작하고 적도 지방은 불룩한 타원체여야 한다는 주장을 하였다. 이를 확인하기 위해 적도와 극지방으로 파견된 프랑스 측지팀은 남북 방향을 기준으로 북쪽의 위도 1° 사이의 거리가 적도 지역의 위도 1° 사이의 거리보다 더 길다는 결과를 얻었다. 이는 극지방이 적도 지방보다 더 편평하다는 사실, 즉 지구는 편평도를 갖는다는 것을 증명해 주는 탐사였다. 뉴턴이 옳았던 것이다.

지구 타원체의 편평도(ellipticity, e)를 계산하는 식은 다음과 같다.

$$e = (적도\ 반경 - 극\ 반경) / 극\ 반경$$

현재 지구의 편평도는 1/298.3이다.

지구의 크기, 질량, 밀도

지구의 적도 반경과 극 반경의 차이는 22km이며, 전체의 약 0.34%에 지나지 않는다. 평균 반지름은 6,371km이다. 지구 중심으로부터 극점과 적도까지 반지름의 사소한 차이를 떠나 공 모양으로 간주하고 부피를 계산하면 1.083×10^{27} cm³이다.

지구의 질량을 계산할 수 있는 많은 방법 중에서 중력 가속도를 이용하는 방법을 간단히 설명하면 다음과 같다. 뉴턴의 만유인력 법칙과 지표면에서 자유낙하하는 단위 질량체에 작용하는 힘으로부터 얻을 수 있는 관계식은 $g = G \dfrac{M_E}{r^2}$ 이다. 여기서 g는 9.8m/sec^2이다. 인공위성의 운항 주기로부터 지구 질량을 구할 수 있다. 지구 중심부터 거리가 r인 곳에 원형 궤도를 따라 주기(T)를 갖고 회전하고 있는 위성의 원심력과 지구와의 인력으로부터 지구 질량을 다음과 같이 나타낼 수 있다. $M_E = \dfrac{r^3}{G} \cdot (\dfrac{2\pi}{T})^2$. 여기서 T는 측정이 가능하고, r은 지표면에서 위성까지 거리에 지구의 반지름을 더해 준 값이다.

이와 같은 방법으로 지구 질량을 구하면 5.98×10^{27}g이다. 지구의 부피를 이용하여 지구의 평균 밀도를 계산하면, 5.525g/㎤이다. 대륙지각의 평균 밀도는 2.7g/㎤, 해양지각은 3.0g/㎤이므로 지구 맨틀과 핵을 구성하는 물질의 밀도는 지각보다 높아야 된다는 것을 미루어 알 수 있다.

따라서 지구 중심으로부터 밖으로 갈수록 밀도가 점점 낮아지며, 지표면에는 밀도가 매우 낮은 수권과 기권이 존재하므로 밀도라는 관점에서 보면 지구는 완벽한 대칭을 이루고 있다. 그러나 지구 내부는 층상구조이므로 각 층을 이루는 물질의 밀도는 서로 다르다. 따라서 지표면에서 중력장을 측정하여 깊이에 따른 지구 내부 밀도의 변이를 알아낸다는 것은 불가능하다. 그러나 지구 중력의 변이를 지표면에서 측정하면 지구 내부 물질이 균질하게 조성되어 있지 않다는 것을 알 수 있다. 즉, 지구 중력 탐사를 시행하여 밀도 변이에 따른 지역적인 지질 구조를 해석할 수 있다. 지구의 전체 스케일에 걸쳐 밀도 변이를 알기 위해서는 지구의 관성 모멘트를 이용한다.

지구의 관성 모멘트

관성 모멘트는 고정된 축에 대한 강성체의 운동과 관련이 있다. 관성 모멘트(I)는 다음과 같이 표시된다. $I = AMR^2$, A는 상수, M은 회전체의 질량, R은 팔(arm)의 길이이다. 이미 알려진 회전체의 관성 모멘트를 살펴보면, 재질이 모두 같은 투포환의 경우, $I = 0.4MR^2$이며, 배구

공같이 겉 재질보다 안에 있는 공기의 밀도가 낮은 물체의 관성 모멘트, $I = 0.667MR^2$이다. 이로부터 알 수 있는 것은 투포환의 A는 0.4, 배구공은 0.667이다. 즉 가운데 위치하는 물체의 밀도가 낮으면 A값은 커지게 된다. 회전체 내부의 밀도 분포에 따라 A값이 변하는 것을 알 수 있다.

지구는 자전·공전·세차 운동 등의 움직임을 보이고 있다. 세차운동은 지구의 자전축이 23.5°기울어져 있음에 따라 생기는 현상으로 주기는 2만 6,000년이며, 세차운동을 이용하면 지구의 관성 모멘트를 구할 수 있다. 지구는 태양을 중심으로 공전운동을 하고 있다. 또한 공전하는 동안 하루를 주기로 자전운동도 하고 있다. 태양계 내 다른 행성과의 운동 관계와 지구 위성인 달과의 운동으로부터 지구 질량 및 평균밀도를 구할 수 있으며, 또한 관성 모멘트를 알 수 있다.

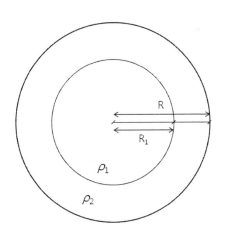

그림 3-3 지구 내부의 모식도
지구 내부의 대체적인 밀도 분포를 알아보기 위한 설정이다.

이와 같은 모든 데이터를 종합하여 결정된 지구의 관성 모멘트는 다음과 같다. $I = 0.3308MR^2$. 만약 지구의 밀도가 전체적으로 균일하다면 A는 0.4, 지구핵이 비어 있다면 A는 0.667이어야 한다. 그러나 지구의 A는 0.3308이므로 지구 중심부는 밀도가 높은 물질로 되어 있어야 함이 명백하다.

개략적인 지구 내부 구조를 나타낸 <그림 3-3>에서 R은 지구의 반지름, R_1은 지구 핵의 반지름, ρ_1은 지구 핵의 밀도, ρ_2는 맨틀의 밀도이다. 이 그림으로부터 전체 지구의 부피, 질량 및 밀도 그리고 이와 함께 지구 핵의 부피, 질량 및 밀도에 관한 식을 설정할 수 있다. 이때 각 구조가 균질한 성분을 가지며 핵의 반지름이 지구의 1/2라는 가정을 한 다음, 지구 관성 모멘트를 구하면 맨틀의 밀도와 핵의 밀도에 관한 식을 얻을 수 있다. 이 식에 지구의 A값 0.3308을 대입하면 지구 핵의 개략적 밀도는 $14.5g/cm^3$, 맨틀의 밀도는 $4.21g/cm^3$이다.

이 결과로부터 지구 밀도는 깊이가 증가함에 따라 급격히 증가한다는 것을 알 수 있다. 따라서 지구 핵은 밀도가 높은 금속, 즉 철이나 니켈 등으로 구성되어 있는 반면, 맨틀은 규산염 광물일 것으로 유추할 수 있다.

애덤스-윌리엄슨 방정식

깊이-밀도 프로파일(또는 깊이에 따른 밀도 변화)을 유추하기 위해 이용했던 초기의 방법에 대해 알아보기로 하자. 비록 이 방법으로 정확한 밀도 값을 얻을 수는 없지만, 매우 교훈적이며 지구 내부 층상구조에 어느 정도 신빙성을 갖고 적용시킬 수 있는 근거가 있어 매우 유용한

접근 방식임에는 틀림이 없다. 우선 P-파와 S-파의 지진파 속도 식을
이용하기로 한다.

$$V_P = \sqrt{\frac{K + \frac{4}{3}\mu}{\rho}} \quad \text{①}, \quad V_S = \sqrt{\frac{\mu}{\rho}} \quad \text{②}$$

이 식을 살펴보면, 식이 두 개이므로 K, μ 및 ρ에 대해 풀 수 없다.
따라서 또 다른 관계식이 있어야 하는데, 불행하게도 그러한 식을 우
리는 확보하고 있지 못하다. 초기에는 이러한 관계식을 유도하기 위
해 관계식을 가정하거나 또는 실험적으로 식을 얻으려고 시도하여
이러한 난관을 해결하려는 노력도 하였다.

1923년 애덤스(L. H. Adams)와 윌리엄슨(E. D. Williamson)은 지구 내부
에서 밀도는 상부 하중에 의한 압축에 의해서만 증가하며, 구성 성분
의 변화에 의한 것은 아니라는 가정을 하였다. 압력 증가에 따른 부피
의 변화, 즉 밀도의 변화를 규명한 값을 압축률, κ라 한다.

$$\kappa = \frac{\text{압축 응력}}{\text{부피의 응력 변형}} = \frac{\text{압력의 증가분}}{\text{이에 따른 부피의 감소}} = \frac{dP}{\frac{dV}{V}}$$

부피와 밀도는 역의 관계에 있으므로 다음과 같다. $\frac{d\rho}{\rho} = -\frac{dV}{V}$ (예, 일
정한 질량체의 부피가 1% 감소하면, 밀도는 1% 증가한다). 그러므로 압축률 κ는
다음과 같다. $\kappa = -\rho \frac{dP}{d\rho}$ ③

<그림 3-4>와 같이 두께(dr)에 미치는 압력은 상부 하중에 의해 주
어지므로 다음과 같이 나타낼 수 있다. $dP = -\rho_r g_r dr$ ④. 여기서 '−'는
r이 감소함에 따라 P가 증가하는 것을 나타낸다. 압력의 증가에 따른
밀도의 증가는 식 ④를 식 ③에 대입하면 얻을 수 있는데, 이를 정리

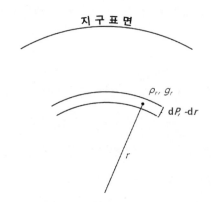

그림 3-4 지구 내부의 압력과 밀도 변화

지구 내부에서 깊이(또는 반지름)가 변화함에 따라 압력과 밀도가 변화하는 것을 보여준다. 중력 가속도(g_r) 역시 변화한다(그림 6-2 참조). 깊이가 증가($-d_r$)하면 상부 하중에 의해 압력은 증가(dP)하게 된다.

하면 다음과 같다. $(\dfrac{K}{\rho})_r = g_r\rho_r\dfrac{dr}{d\rho}$ ⑤

식 ①과 식 ②에서 μ를 제거하면 다음 관계식이 유도된다.

$V_P{}^2 - \dfrac{4}{3}V_S{}^2 = \dfrac{K}{\rho} = \Phi$ ⑥

여기서 Φ는 지진파 파라미터(seismic parameter)라고 하며, 지진파 속도 식을 간단하게 줄여서 표현한 표식에 불과하다. 따라서 식 ⑤와 식 ⑥은 다음과 같다. $\Phi = g_r\rho_r\dfrac{dr}{d\rho}$ ⑦

⑦ 식이 애덤스-윌리엄슨 방정식(Adams-Williamson equation)이다. 이 식은 어느 특정 반지름 r에서 깊이 증가에 따른 밀도 변화율과, 반지름 r 이하의 깊이에서 지진파 속도와의 관계를 나타내고 있다.

그러면 ⑦ 식의 용도에 대해 알아보자. 첫 번째, 반경 r에서 V_P와 V_S

는 알 수 있으므로, 우리가 필요한 것은 밀도가 반지름에 따라 어떻게 변하는가이다. 두 번째, 지표면에서 우리가 알고 있는 것은 밀도와 반경 그리고 지구 질량이다. 그리고 이 식은 반경(또는 깊이)의 변화에 따른 밀도의 변이(즉 증가율)를 나타내고 있으므로, 특정 반경(또는 깊이)에서 밀도 값을 알고 있다면, 이 밀도 값을 이용하여 최상부 쉘 바로 밑, 즉 r값이 조금 적은 곳의 값을 얻을 수 있다. 이러한 계산을 반복하면 보다 깊은 깊이(또는 줄어든 반지름)에서의 밀도 값을 계산할 수 있다.

애덤스-윌리엄슨 식을 지구 내부 층상구조에 적용시켰을 때 적용 대상에 따라 적합도의 신뢰도에 차이가 나게 된다. 하부 맨틀 및 외핵에 적용시키면 만족스러운 결과를 얻을 수 있으며, 상부 맨틀의 경우는 만족스럽지 못하나 적용할 만은 하다.

그러나 지각과 맨틀 전이대에는 이 식을 적용시킬 수 없다. 지각의 경우 밀도 변화가 심하고, 맨틀 전이대에서는 상변이가 많이 일어나기 때문이다. 이에 더하여 같은 압력에서 화학 성분이 변할 때는 애덤스-윌리엄슨 식을 적용할 수 없다. 핵-맨틀 경계와 같이 고체 암석에서 액체인 철로 변하는 경우이다. 애덤스-윌리엄슨 식을 엄밀하게 적용할 수는 없지만, 그래도 어느 정도 적용할 수 있는 구조가 핵이다. 외핵에 이 식을 적용하여 밀도 변화를 계산하면, 신뢰도가 높은 결과를 얻을 수 있다. 이 식이 적합한 이유는 외핵은 액체이며, 대류에 의해 조성 물질이 잘 혼합되어 있고 또한 온도 증가가 단열 증가율에 매우 가깝기 때문이다.

버치의 법칙(Birch's law)

1961년 버치(Francis Birch, 1903~1992)는 당시까지의 실험 데이터를 근거로 하여 다음과 같은 관계식을 제안하였다. $V_p = a(m) + b\rho$.

여기서 a와 b는 실험적으로 결정된 상수이고, m은 평균원자량(mean atomic weight)이다(그림 3-5). 즉, m은 광물을 구성하고 있는 원자의 원자량을 구성 원자 수로 나눈 것이다. 이러한 제안을 한 버치의 기본적인 생각은 다음과 같다.

대부분의 암석에서 지진파의 속도는 밀도와 평균 원자량을 제외한 구성 성분이나 결정 구조의 영향을 받지 않는다. 따라서 지진파는 밀도와 평균 원자량을 이용하여 단순한 수학식으로 표시할 수 있다.

그러나 이러한 접근의 근간이 되는 물리적 이유는 잘 이해되지 않고 있으며, 이 식이 고압 상태에 있는 심부 맨틀에 적용 가능한지도

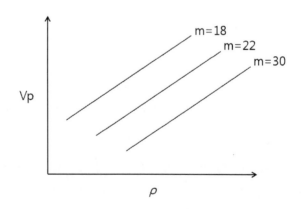

그림 3-5 p파 속도와 밀도의 관계
지진파 p파 속도(V_p)와 밀도(ρ)의 관계를 나타낸 그림이다.
여기서 m은 평균 원자량이다.

여전히 의문이다. 예를 들어 m이 약 21인 경우, V_P = -2.55 + 3.31ρ이다. 지구에 존재하는 대부분 물질의 평균 원자량 m은 20~22 정도이다.

PREM

지진파 참고 모델 중 가장 잘 알려져 있는 것은 PREM(Preliminary Reference Earth Model, Dziewonski와 Anderson, 1981)이다. PREM을 설정하는 데 이용한 변수는 V_P, V_S, ρ, $q_κ$, $q_μ$이며, 관찰 데이터는 2만 6,000여 건의 자연지진과 발파에 의한 인공지진에 의해 발생한 200만 개의 V_P 값과 50만 개의 V_S에 대한 주시곡선, 약 900개의 지구자유진동, 표면파 분산 데이터 그리고 지구 질량, 반지름, 관성 모멘트 등이다. 모델링 과정은 기존의 모델로부터 시작하여 모든 변수를 체계적으로 변화시키는데, 이때는 관측 데이터를 가장 잘 만족시켜 줄 수 있는 조합을 찾아내기 위해서 불연속면의 위치와 V_P, V_S, ρ, $q_κ$, $q_μ$에 대한 다항식의 상수가 포함된다.

1989년 PREM이 개정되었는데, 이때 지구자유진동 주기에 대한 새로운 데이터가 이용되었으며, 그 결과 상부 맨틀에 대한 모델에 약간의 변화가 있었다. 이 결과가 <그림 6-2>에 나타나 있다. 이 그림에는 V_P, V_S뿐만 아니라 밀도, 압력과 중력가속도 값도 나타나 있다.

지금까지 우리가 관심을 가지고 보았던 것은 밀도-깊이 프로파일이다. 이것은 속도-깊이 곡선에 의해 이미 나타나지 않은 형태를 보여주는 것이 아니고, 지구 각 구조의 성분을 논할 때 더욱 유용한 성질이라는 것을 나타내 준다. 특히 여러 불연속면에서 밀도가 높아지는 것은 구성 성분에 대한 상당한 제약 조건이 되고 있는데, 이는 추정된 어떤 성분의 프로파일은 지정된 깊이에서 밀도 값뿐만 아니라, 밀도의 급격한 증가와도 일치해야 하기 때문이다. 지금은 광물물리학 실험실에서 지구의 어떤 깊이에서든지 거기에 해당하는 온도 및 압력 하에서 시료에 대한 실험이 가능하기 때문에, 지구 내부 물질로 추정되는 성분이 밀도-깊이 프로파일을 만족시켜 주는지에 대한 검증이 가능하다.

04

베게너의
지구

지구에 대한 인식과 지식의 변화

대체로 고대 그리스와 고대 중국에서 자연과학의 시초 유무를 찾아보는 것이 일반적이다. 그러나 우주와 지구에 관한 한 중국보다는 그리스 쪽에 초점을 맞추고 살펴볼 필요가 있다.

고대 중국인의 인식

고대 중국인의 우주관은 지구를 중심으로 하늘을 쳐다보면서 관찰한 현상을 보이는 대로 나름 해석한 것이다. 고대 중국에서 우주에 대한 이론은 모두 여섯 개 정도 있는데, 가장 눈에 띄는 것이 개천설(蓋天說)과 혼천설(渾天說)이다. 개천설의 요지는 '하늘은 덮개가 있고 둥글며 땅은 네모진 모양이다'이다. 이에 비해 혼천설을 한마디로 요약하면 '천체는 탄환처럼 둥글다'이다. 혼천설에서는 지구를 우주의 중심으로 보았는데, 이는 고대 그리스의 지구중심설과 같다. 고대 중국인의 단편적인 우주 인식을 엿볼 수 있는 이론이다.

고대 그리스인의 인식

기원전 6세기에서 기원전 2세기 사이 그리스에 만연되었던 사고와 관념을 되새기면 현재 우리의 아이디어에 지대한 영향을 주는 것을 발견할 수 있다. 당시 지질학적인 물질은 주요 관심 대상이 아니었지만 육지는 침강하여 바다가 될 수 있고, 육지는 바다로부터 생성되었다는 인식을 하고 있었다. 또한 화석이란 과거 바다에 살던 생물이 묻힌 것이라는 유추를 이미 하고 있었다. 이에 그치지 않고 지구는 둥근 공과 같아 지구의 크기를 계산하기 위해서는 반지름 값이 필요한데, 지구의 반지름을 정확하게 잴 수 있는 방법을 제기하기도 하였다. 고대 그리스 관념철학자들은 지구 내부에 불이 있다고 생각하였으며, 지구에서 발생하는 제반 작용은 매우 긴 시간을 통해 반복하여 일어나는 것이라는 믿음을 갖고 있었다.

태양중심설 : 고대 그리스의 천문학자이자 수학자인 아리스타쿠스(Aristarchus of Samos, BC 310~230)는 태양을 중심으로 행성이 회전운동을 한다는 태양중심이론(heliocentric theory)을 주창하였다. 이러한 내용이 적힌 아리스타쿠스의 책은 남아 있지 않지만, 후세의 아르키메데스(Archimedes of Syracuse, BC 287~212)가 아리스타쿠스의 태양 중심 모델에 대한 기술을 하고 있다.

그러나 당시 그리스에는 이러한 획기적인 주장에 동조하던 사람은 많지 않았던 것 같다. 더욱이 아리스토텔레스나 프톨레마이오스와 같이 지구중심설을 옹호하던 학자들에 의해 태양중심설 자체가 때로는 거부되기도 하였다. 아리스타쿠스는 태양까지의 거리와 달이 반달일 때 달까지의 거리를 측정하기도 하였지만, 스스로의 논리에 치우친 자신만의 시도였다.

지구중심설 : 프톨레마이오스(Claudius Ptolemaeos, 100~168)는 2세기경에 발간한 그의 저서 『알마게스트(Almagest)』에서, 지구가 모든 것의 중심이며 지구를 중심으로 하여 다양한 천체가 돌고 있다는 내용을 담은 지구중심설(geocentric theory)을 주창하였다. 프톨레마이오스는

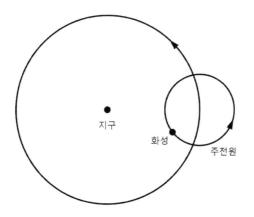

그림 4-1 화성의 주전원 운동
지구에서 화성의 거동을 관찰하면 화성이 지나온 경로를 다시 되돌아가는 것처럼
보인다. 화성의 궤적이 마치 루프(loop)를 그리는 것처럼 가정할 수 있는데, 이
궤적을 주전원(epicycle)이라 지칭하였다. 프톨레마이오스 시스템에서는 이러한
주전원 운동을 이용하여 화성이 지구를 중심으로 공전하고 있다고 설명하고 있다.

화성이 때때로 역방향으로 이동하는 것처럼 보이는 것은, 화성이 주
전원(epicycle)에서 회전운동을 하며 지구를 공전하기 때문이라고 설명
하였다. 그의 주장이 일견 맞게 보였기 때문인지 더 이상의 반론은 없
었다(그림 4-1). 『알마게스트』는 총 13권으로 구성된 방대한 저서로, 비
잔틴제국, 이슬람 세계 그리고 중세 유럽의 과학계까지 끼친 영향은
실로 지대하다.

프톨레마이오스는 이집트 알렉산드리아에 거주하던 그리스계 로마
시민으로, 수학·지리학·천문학에 조예가 깊은 과학자였다. 지구
중심설이 발표된 이후 약 1,500년 동안 16세기까지 지구가 우주의
중심이라는 주장에 대해 누구도 반대하거나 의문을 제기하지 않았다.

지구에서 하늘을 보면 지구가 중심인 것 같은 천체의 경로가 보였기 때문이다. 지구가 우주의 중심이든 아니든, 지구에서 일상생활을 영위하며 살아가면서 받는 영향은 거의 없었기 때문에 '지구중심설'이 그대로 받아들여진 것이다.

이슬람과 기독교의 인식

고대 그리스의 관념적 사상과 지식은 당시 세계 국가를 건설한 로마인에게 전해졌으나, 로마가 멸망하면서 마땅한 후계 지식집단 없이 비잔틴 제국(Byzantine Empire)에 의해 명맥만 유지되었다. 전수된 지식의 상당 부분이 다행스럽게 이슬람 세계로 스며든 다음, 궁극적으로는 이슬람을 통해 서구 세계로 다시 전파되었는데, 이때 인도의 십진법(decimal system)도 함께 전해졌다.

이렇게 유입된 지식에 대해 당시 유럽인들은 초기에는 거부감을 나타냈으나, 점차 기독교적 사고와 조화를 이루면서 아리스토텔레스의 사고와 사상은 성경에 버금가는 권위를 지니게 되었다. 이러한 진보는 아퀴나스(Saint Thomas Aquinas, 1225~1274)가 아리스토텔레스 이론과 성경을 결합한 '단일체계론'을 주창함으로써 가능하였다. 이러한 과정을 거치면서 서구 사회에 자리를 잡은 지식은 다양한 분야에서 거대한 발전을 할 수 있는 탄탄한 기틀을 마련하면서 '르네상스 (Renaissance)'의 초석이 되었다.

르네상스 : 이탈리아에서 시작된 '르네상스'는 당시 스칸디나비아 반도 국가를 제외한 전 유럽 국가에서 일어난 문예부흥 사조이다. 문예

부흥이란 구체적으로 14세기에서 16세기 말까지 문화·예술 전반에 걸쳐 고대 그리스와 로마의 문화와 문명을 재인식하고 다시 수용하자는 시대적 요구였다. 과학 분야에서는 혁명적인 토대가 만들어지면서 중세를 근세와 이어주는 계기가 되었다.

르네상스를 대표하는 레오나르도 다 빈치(Leonardo da Vinci, 1452~1519)는 화석에 관한 한 아리스토텔레스와 같은 견해를 갖고 있었으며, 산이란 강에 의해 운반되어 바다에 퇴적된 토사가 암석이 된 다음 융기하여 만들어진 것이라는 생각도 하였다. 다빈치는 강의 하류에 쌓이는 퇴적물에 많은 관심을 갖고 있었는데, 퇴적 속도와 두께에 대한 조사를 하여 퇴적물의 연대가 20만 년이라는 연구 결과를 발표하였다. 따라서 지구는 이보다는 훨씬 오래전에 생성되었다는 주장을 펴기도 하였다.

태양중심설의 부활

폴란드의 코페르니쿠스(Nicolaus Copernicus, 1472~1553)는 1514년 태양중심설에 대한 가설을 세운 다음, 지구중심설에 반대하기 시작하였다. 코페르니쿠스는 아마도 그리스 철학자 아리스타르쿠스로부터 태양중심론이라는 아이디어를 받아들이는 동시에 프톨레마이오스의 이론도 고려했던 것 같다. 왜냐하면 코페르니쿠스는 지구가 우주의 중심이 아니라는 주장을 하면서도 교회의 비난을 피하기 위해서 자신이 주장하는 이론, 즉 태양이 중심이라는 이론이 다른 것이 아니라 단지 계산을 단순화시키기 위한 하나의 과정에 불과하다는 변명을 했기 때문이다.

이에 더하여 코페르니쿠스는 내행성인 수성과 금성, 그리고 외행성인 화성과 목성 및 토성을 관찰한 기록을 남겼는데, 당시 관측기기의 정확도 때문에 관찰 결과의 오차는 큰 것으로 드러났다. 1514년 코페르니쿠스는 7개의 가정을 포함하고 있는 '태양중심 가설'에 대한 아이디어를 정립한 다음, 자신의 가설을 증명하기 위한 연구에 매진하였다. 코페르니쿠스 연구의 금자탑은 1543년 출판된 저서『천구의 회전에 관하여』이다.

덴마크의 브라헤(Tycho Brahe, 1546~1601)는 코페르니쿠스의 이론을 부분적으로만 수용한 다음, 이를 응용하여 당시 수준으로는 놀랄 만큼 용의주도하고 정밀한 관찰 결과에 근거하여 코페르니쿠스와는 다른 독특한 구조를 갖는 진일보한 지구 중심 행성계를 만들었다. 브라헤가 코페르니쿠스의 이론을 부분적으로만 수용했던 이유는 프톨레마이오스 시스템만으로는 천체에 대한 근본적인 해답을 찾을 수 없다는 것을 깨닫고 코페르니쿠스의 새로운 시스템에 주목한 것이었다. 그러나 브라헤는 자신만의 종교적 신념과 아리스토텔레스 원칙을 준수해야 한다는 강박관념에서 헤어나지를 못했던 것 같다.

케플러(Johannes Kepler, 1571~1630)는 자신의 이론을 테스트하기 위해 1600년 독일에서 덴마크로 건너와 천문대인 '우라니보르크(Uraniborg)' 신축 현장을 방문하면서 브라헤를 처음 만나게 된다. 브라헤는 케플러의 수학적 재능에, 케플러는 화성에 대한 브라헤의 주도면밀한 관찰 기록에 관심이 있었다. 이것이 동기부여가 되어 케플러는 브라헤의 조수가 되는 조건으로 계약을 맺는다. 만약 브라헤의 주도면밀한 천문 관측 자료가 없었더라면 케플러는 자신의 행성 운동에 관한 법칙을 쉽게 유도해내지 못했을 것이다.

갈릴레이(Galileo Galilei, 1564~1642) 역시 프톨레마이오스의 우주관을 부정하였다. 이로 인해 갈릴레이는 이탈리아 천주교회의 미움을 받아 자신의 주장을 철회하라는 명령을 받기도 하였지만, 처음부터 코페르니쿠스의 패러다임이 참이라는 확신을 갖고 보다 정교한 태양중심 모델을 만들기 위해 관측과 계산을 계속하였다. 이를 위해 자신이 직접 개량한 망원경을 이용하여 금성의 위상 변화를 관측하고, 목성의 위성을 발견하였으며, 또한 태양의 흑점을 관측함으로써 고전 천문학의 구조적 모순을 증명해 보였다.

갈릴레이는 코페르니쿠스의 행성계, 즉 태양중심설이 옳다는 것을 밝힘으로써 그의 위상과 영향력을 점차 확장시켜 나갔다. 이런 성과를 이루는 데 중요한 역할을 한 것이 바로 망원경이다. 갈릴레이 망원경은 1610년 처음 선을 보인 후 오늘날까지도 이용되고 있는데, 바로 굴절망원경이다. 갈릴레이는 케플러가 주장한 행성의 궤도가 타원이 아니라 원이라는 주장을 끝까지 굽히지 않았다. 과학자라면 누구나 지닐 법한 일종의 아집이라 할 수 있다.

지질학 이전

초기 지질학은 일종의 기재학문으로, 지질학적인 현상에 관심이 많았던 사람들이 흥미를 갖고 수집한 방대한 양의 조사 자료를 분석하여 얻은 결과에서 특정 경향을 추적해 보는 선에 머물렀다. 그러나 시간이 지나면서 지층에 대한 관찰을 통해 얻은 지질학적 지식이 점점 쌓여 감에 따라 하나의 학문으로서 체계적인 면모를 갖추게 되었으며, 이렇게 축적된 지질학 지식은 광산업이나 공학 분야에 실질적으로 이용되기도 하였다. 특히 퇴적암의 경우 많은 관심을 받은 것은 화석이었다. 화석은 많은 사람의 관심과 더불어 논쟁의 대상이 되었지만, 화석이란 오래전에 사멸한 생명체의 잔해라는 인식이 퍼지게 되었다.

스테노(Nicolas Steno, 1638~1686)는 17세기 중엽, 퇴적암의 층서에 일정한 규칙이 있음을 밝힌 천주교 신부였다. 규칙이란 바로 누중의 법칙, 지층 수평성의 법칙 그리고 지층 연속성의 법칙 및 관입의 법칙이다. 누중의 법칙은 일련의 퇴적층에서 가장 아래에 있는 지층이 제일 먼저 만들어진 지층임을 이른다. 지층의 상대적 연령을 유추할 수 있는 기준을 마련한 것이다. 이러한 업적을 인정받아 스테노는 층서 지질학의 창시자로 추앙받고 있다.

스테노는 해부학에도 깊은 조예를 갖고 있었는데, 이 지식을 이용하여 화석으로 변한 상어의 이빨을 발굴하여 화석이란 땅속에서 자라는 것이 아니라 물 아래에서 퇴적물이 쌓일 때 생물체의 유해가 함께 쌓인 것이라는 것을 증명하기도 하였다. 스테노의 이와 같은 연구는 고생물학을 정립하는 데 크게 기여하였다. 이에 더하여 스테노는 광물의 결정을 꾸준히 관찰하여 1669년 '면각일정의 법칙'을 발표하였는데, 이는 결정 구조에 대한 광물학의 기초를 다진 것으로 평가되고 있다.

영국의 스미스((William Smith, 1769~1839)는 스테노가 정립한 층서학의 법칙을 지질 조사를 하거나 운하를 건설할 때 이용하였다. 특히 화석을 이용하여 서로 다른 지역의 지층을 대비하였는데, 스미스는 지층에 따라 화석도 달라진다는 사실을 알고 있었다. 스미스 역시 특정 지층에서 발견되는 대표적인 화석을 이용하여 대비한 지층을 바탕으로 지질도를 작성하였던 것이다. 이러한 원리가 바로 '동물군 천이의 법칙'으로, 이 법칙은 지금도 여전히 유효하다.

1799년부터 스미스는 영국 배스(Bath) 지방의 지층에 대한 층서와 화석 분포를 조사하여 1801년 이 지역의 암석 지도를 완성하는데, 이 것이 세계 최초의 지질도이다. 이후 지질도에 대한 평판이 높아지면 서 스미스는 영국 전역에 대한 지질도 완성을 목표로 삼은 다음, 드디 어 1815년 영국 전역에 대한 지질도를 완성하였다. 1816년에는 『화석 분류에 의한 층서 감정(Strata identified by organized fossils)』이란 책을 발 간하였다. 오늘날에도 지질 조사나 또는 지질도에서 얻을 수 있는 지 식은 광산 개발이나 토목 및 건설공사 현장에서 이용되는 가장 기초 적인 정보이다.

이론 대 이론

수성론자(Neptunist)는 지구의 모든 암석이 물에 의해 생성되었다고 주장하던 학파의 동조자들이었다. 수성론자 그룹의 총수는 '독일 지 질학의 아버지'로 추앙받는 프리베르그 대학(Freiberg University)의 베르 너(Abraham G. Werner, 1750~1817)였다.

베르너에 따르면, 지구에 있는 모든 것을 아우르는 거대한 바다 의 수면이 현재 위치로 낮아지게 된 원인은 바닷물에 녹아 있던 물질 이 육지의 광물과 암석으로 침전되거나 퇴적되었기 때문이다. 베르너 는 지구의 암층을 다음과 같이 다섯 계열로 구분하였다. 1) 관입암과 변성퇴적 계열, 2) 경화 계열, 3) 화석 함유 층상 계열, 4) 미고화 계열, 5)화산암 계열. 베르너는 이 계열에 속하는 각 암층은 모두 바다로부터 생성되었다고 주장하였으며, 특히 마지막 화산암 계열의 암석이 생성된 원인은 석탄층이 국지적으로 연소하여 생성되었다는 주장도 하였다.

모든 암석이 바닷물에 의해 생성되었다는 이론은 매우 단순하지만, 동시에 독단적이어서 실험을 해보는 일은 불가능하였다. 더욱이 이러한 작용에 관여한 이른바 보편의 바다(universal ocean)에 있던 물의 부피가 문제가 되었다. 이슈가 된 것은 물에 의해 암석이 생성된 다음 물은 사라져야만 했으며, 뿐만 아니라 나중에 퇴적작용이 일어날 때가 되면 바닷물은 다시 되돌아오지 않으면 안 되었기 때문이다.

이러한 의문에도 불구하고 당시 유럽 전역에서 베르너를 흠모하여 독일로 모여든 열성 지지자들은 기성 이론에 의한 암석 생성 과정 자체를 거부하며 수성론을 하나의 신조로 받들게 되었다. 이와 같은 교육을 받은 베르너 지지자들은 자신들의 나라로 돌아가서 수성론을 전파하는 열렬분자가 되었다.

그러나 수성론자가 떠받들던 주장은 화성론자(Plutonist)의 반대에 직면하게 되었다. 화성론은 수성론과 달리 결코 단순한 이론이 아니었다. 화성론에 따르면 지구는 꾸준히 융기하지만 때로는 역동적으로 빠르게 상승하여 침식작용에 의해 낮아진 지표면의 고도를 갑자기 높일 수 있다. 이에 더해 화성론자는 결정질 암석을 생성할 수 있는 메커니즘에 대한 설명에 초점을 맞추고 있었다. 화성론의 명제는 결정질암이 생성되기 위해서는 수성론의 퇴적작용만으로는 어려울 것이기 때문에, 퇴적작용에 의한 층서학적 관점이 아니라 퇴적암 자체 암상의 생성 원리에 주목한 것이었다.

화성론의 요점은 땅속 깊은 곳의 지열이 관여하지 않고서는 결정질 암석이 생성되기는 어렵다는 것이었다. 화성론자 그룹의 대표자인 영국의 허턴(James Hutton, 1726~1797)은 저서 『지구론(Theory of the Earth)』에서 수성론의 오류를 지적하면서 자신이 수성론을 반대하는 근거를 적시하고 있다. 『지구론』은 지질학이란 학문과 관련된 서적 중에서 가장 중요한 책으로, 발간년도인 1785년은 지질학(geology)이 학문으로 도약한 '지질학의 원년'으로 추앙되고 있다.

수성론자와 화성론자의 지질학 논쟁은 18세기 말에 시작해 19세기까지 이어지는데, 화성론 신봉자들이 제기한 첫 번째 논쟁의 주제는 현무암의 기원에 관한 것이었다. 암상(sill)으로 관입한 현무암이나 지표면으로 분출한 현무암의 기원은 동일하지만, 수성론 신봉자들은 이 두 가지를 별개의 암석으로 취급하였다. 이것은 명백한 오류로 화성 기원의 암석은 정출되는 환경에 따라 다르게 나타날 뿐이지, 보편의 바다에 의해 지표면 위에 생성된 암석이 아니기 때문이다. 두 번째 화성론자들이 지적한 논제는 '보편의 바다' 거취 문제였다. 지구 전체를 감싸고 있던 바다가 부피가 줄어들어 현재의 바다 크기로 작아지기 위해서는 나머지 바닷물은 어디론가 옮겨가서 대기하고 있지 않으면 안 된다. 지구 내부 또는 지구 바깥 우주공간까지 바닷물이 대기할 장소로 거론되었지만 모두 가능성이 희박함에 따라 수성론은 허무맹랑한 낭설로 추락하는 것은 시간문제가 되어 갔다.

격변설 vs 동일과정설

19세기 초반에 들어서면서 지질학회나 자연사학회 등과 같이 지구를 연구하는 모임이 유럽 국가에 결성되기 시작하였다. 가장 대표적인 모임이 1807년 설립된 영국의 런던 지질학회(Geological Society of London, GSL)와 1808년 에든버러 왕립협회 산하에 만들어진 베르너 자연사학회(Wernerian Natural History Society, WNHS)이다. GSL은 지질학에 관심이 높던 학자 13명이 저녁식사를 하는 자리에서 창립한 학회이다. WNHS는 이름에서 짐작할 수 있듯이 베르너를 기리기 위해 창립된 학회로, 베르너의 학생이었던 에든버러 대학교의 흠정강좌교수인 제임슨(R. Jameson)이 주도적인 역할을 하여 만든 수성론 수호학회였다. 이후 두 학회는 수성론과 화성론을 갖고 논쟁에 논쟁을 거듭했을 뿐만 아니라, 또 다른 이론으로 각각 무장을 한 다음 충돌에 충돌을 거듭하였다. 두 이론은 바로 격변설(Catastrophism)과 동일과정설(Uniformitarianism)이다.

격변설 : 지구 표면의 모습은 시간이 흐르면서 서서히 변하는데, 가끔 발생하는 천재지변으로 인해 지구 지형이나 모든 생물계의 구성이 완전히 바뀐다는 주장이 격변설이다. 지구는 초자연적인 힘에 의해 발생하는 강도 높은 일련의 융기 작용으로 매우 격렬한 변화를 겪게 된다. 이러한 격변 사이에 지질 작용은 정상적으로 진행되지만 지질작용에 의한 지구의 변화는 상대적으로 매우 작다고 본다.

격변설의 유리한 점은 상당한 변화가 매우 짧은 시간 안에 일어날 수 있으므로 성경에 나타난 시간의 범주를 만족시켜 줄 수 있었다는 것이다. 반대로 이 이론의 단점은 과학적인 관점에서 보면 이성적인 탐구 범위를 벗어났다는 것이다.

그렇지만 19세기에 들어와 더욱 많은 사람들이 격변설에 동조하게 되었는데, 그 배경에는 프랑스의 자연사학자이자 고생물학자이며, 해부학에 일가견이 있던 퀴비에(Georges Cuvier, 1769~1832)의 영향력이 매우 컸다.

퀴비에는 1813년 발간된 저서 『지구 이론에 대한 에세이(Essay on the Theory of the Earth)』에서 새로운 생물의 종은 주기적으로 발생하는 격렬한 홍수가 끝나고 난 뒤 창조되었다고 주장하였다. 이러한 주장의 근간이 된 것은 프랑스 파리 인근의 퇴적암층에서 출토된 화석을 연구한 퀴비에가 하부 지층과 상부 지층 간의 화석 종류가 서로 다르다는 결과에 착안하여, 한 생물이 홍수로 인해 멸종한 다음 그 위에 다른 생물이 생존하다가 다시 멸종되는 현상이 반복되어 일어난 것이라고 추론했기 때문이다.

따라서 퀴비에는 생물의 진화에 관한 한 매우 강력한 반대 입장을 견지하였다. 또한 부정합의 경우 수평으로 놓여 있는 상부 지층 아래 하부 지층이 바로 서거나 또는 경사지어 누워 있는 것은 홍수가 일어나기 전 지층이 무너져 내린 것이라고 해석하였다.

또 다른 하나는 미아석이다. 미아석은 빙하가 운반한 큰 돌인데 유럽 곳곳에서 발견되고 있다. 이 암체는 주변의 암석과 암상이 다르며 지질학적 관련이 전혀 없다. 미아석에 대해 퀴비에는 홍수에 떠밀려 왔거나 또는 큰 폭발로 인해 다른 곳에서 날아왔다는 주장을 하며 격변설을 옹호하였다. 그러나 1832년 퀴비에가 죽자 격변설은 그 기반을 상실하면서 갑자기 쇠락하고 말았다. 1833년 동일과정설의 꽃인 라이엘(C. Lyell)의 『지질학원론(Principles of Geology)』이 발간되었기 때문이다.

동일과정설 : 동일과정설은 지질작용의 연속성에 주안점을 두고 있다. 허턴(J. Hutton)은 18세기 후반 유럽을 휩쓸고 있던 수성론과는 전혀 새로운 시각으로 지구를 관조했던 지질학의 선구자이다. 허턴을 의사, 화공업자, 농부 그리고 지질학자라고 부르는데 모두 맞는 표현이다. 수학과 화학을 좋아했던 허턴은 18세였던 1744년부터 에든버러(Edinburgh) 대학과 파리(Paris) 대학에서 의학 공부를 하였다. 1749년 라이든(Leiden) 의과대학을 졸업하고 의사가 되었지만, 의사로 활동했다는 기록은 남아 있지 않다. 런던을 거쳐 에든버러로 돌아온 허턴은 화공 분야 사업에 뛰어들어 상당한 재화를 축적하기도 하였다.

1750년대 초반, 유산으로 받은 스코틀랜드 남부 던스(Duns)의 넓은 땅으로 돌아온 허턴은 당시 보급된 다양한 농사기법을 실제로 적용해 식물을 재배하거나, 축산업 등에 관심을 쏟기도 하였다. 농업에 종사하면서 허턴은 강수에 대한 관심은 기상학으로, 땅에 대한 관심은 지질학으로 발전시켰는데, 가장 관심을 두었던 현상이 바로 침식작용이었다. 비가 오는 날, 경사진 도랑을 따라 모래가 물에 쓸려 내려가는 광경을 관찰한 허턴은, 만약 오랜 시간에 걸쳐 이와 같은 작용이 계속된다면 산에 있는 암석뿐 아니라 대륙도 깎여서 평탄해질 수 있지 않겠는가 하는 생각을 하였다.

허턴이 이룩한 위대한 지질학적 성과는 스코틀랜드 북동쪽 해안의 시카포인트(Sicca Point)에서 발견한 부정합에 대해 명확한 해석을 했다는 점이다. 부정합은 퇴적작용으로 일련의 지층이 생성되어 융기한 다음, 오랜 시간에 걸쳐 침식작용에 의해 깎여 나간 지질 구조이다. 침강한 다음 일련의 또 다른 퇴적작용이 뒤따라 일어나는데, 이러한 작용들이 엄청나게 긴 시간 간격을 두고 일어났다는 사실을 허턴은 간과하지 않은 것이다.

따라서 허턴은 과거에 일어났던 지질작용은 오늘날 우리가 관찰할 수 있는 것과 똑같이 발생했다는 일종의 원칙을 다음과 같이 선언하기에 이르렀다. "현재는 과거의 열쇠이다(The present is the key to the past)." 이 원칙을 따라 오늘날 관찰할 수 있는 암석과 관련하여 과거에도 동일한 과정에 의해 암석이 생성되었다는 것을 매우 이성적으로 설명할 수 있다. 만약 해양생물의 화석이 육지에서 발견되었다면 이 지역은 과거 한때에는 바다여야만 한다. 또한 오늘날 관찰할 수 있는 사실에 근거하여 과거 지질 시대의 역사와 당시 환경에 대한 복원이 가능해졌다.

동일과정설은 허턴이 죽은 뒤, 허턴의 사상과 습성을 잘 이해하고 있던 친구인 플레이페어(John Playfair, 1748~1819)가 『지구론(Theory of the Earth)』을 쉽게 풀어 쓴 해설서『허턴의 지구론에 대한 용례(Illustrations of the Huttonian Theory of the Earth)』를 출판한 덕분에 동일과정의 법칙은 천천히 그리고 조금씩 이해되어 갔다. 플레이페어는 에든버러 대학의 자연철학과 교수였는데, 1802년 이러한 해설서를 발간할 수 있었던 것은 허턴이 야외 지질조사를 할 때 같이 참여하면서 지질학적 안목을 키웠기 때문이다. 한 예로 1788년 허턴은 플레이페어와 함께 시카포인트를 방문했는데, 플레이페어는 이때의 경험을 "장구한 시간의 심연을 바라보면서 내 마음이 아찔해지는 것을 느꼈다"고 자신의 심정을 피력하였다.

플레이페어의 기여로 조금씩 이해되기 시작한 허턴의 동일과정설은 20여 년을 기다리고 나서야 라이엘(Charles Lyell, 1797~1875)에 의해 지질학의 기본 원칙으로 완전하게 정립되었다. 라이엘은 스코틀랜드 태생으로 옥스퍼드 대학을 졸업한 후, 법조계에 발을 내디뎠으나 1821년 에든버러를 방문한 다음 지질학 쪽으로 그의 관심이 급속하게 기울어졌다. 1827년 라이엘은 법조계를 완전히 떠나 지질학계에 몸담게 되면서 동일과정설에 심취하게 되었다.

1833년 발간된 저서 『지질학 원론(Principles of Geology)』에서 라이엘은 지질작용이 진행되면 지구에 변화가 일어나는데, 이러한 변화는 매우 긴 시간이 필요하다는 사실을 갈파하고 있다. 라이엘의 이러한 설명은 매우 설득력 있게 받아들여졌으며, 성경의 시간 스케일은 장구한 지구 역사에 비해 매우 짧은 것으로 치부되었다. 이것은 한마디로 격변설과 대척되는 것이었다.

지구와 시간

격변설과 동일과정설이 서로 부딪히는 핵심 이슈는 시간이었다. 바로 지구의 나이다. 당시 지구 나이에 관한 한 가장 구속력을 갖고 있던 기준은 성경이었다. 아일랜드의 대주교인 어셔(James Ussher, 1581~1656)는 1654년 발표한 논문 「세상의 기원에 관한 구약성서 연보」에서 기원전 4004년 10월 23일 오전 9시에 천지가 창조되었다는 주장을 하였다. 그러나 이러한 연대는 지질작용이란 오랜 기간에 걸쳐 서서히 일어난다는 것을 인지하기 시작한 지질학계에는 하나의 낭설에 지나지 않았다.

19세기 중엽 당시 열역학 분야에서 가장 뛰어난 물리학자는 영국 글래스고 대학교의 톰슨(William Thompson, 1824~1907) 교수였다. 1892년 68세 되던 해에 작위를 받아 켈빈 경(1st Baron Kelvin)이 된 톰슨 교수는 동일과정설에 대한 의문을 강하게 제기하였다. 켈빈은 지구가 완전히 녹은 상태에서 현재의 온도로 냉각되는 데 걸리는 시간을 열역학 법칙을 이용하여 계산하였다. 계산을 할 때 인용한 지구 내부 온도 증가율 값은 1828년 콜디어(Pierre L. A. Cordier, 1777~1861)의 논문 데이터인 지온은 1km당 30℃ 정도 증가한다는 것이었다. 켈빈의 계산 결과 지구 나이는 1억 년에 가까운 9,800만 년이었다.

이 숫자는 지질학자는 물론 특히 다윈(Charles R. Darwin, 1809~1882)에게 충격을 주었다. 다윈은 1859년 그의 저서 『종의 기원』에서 진화론을 주장하였는데, 주요 골자는 생물 계통의 변화를 유발하기 위한 진화는 매우 긴 시간이 필요하다는 것이었다. 이 이론의 상당부분은 라이엘의 아이디어에서 영감을 얻었는데, 다윈이 비글호(Beagle)를 타고 5년 동안 항해를 하면서 정독한 책이 바로 라이엘이 저술한 『지질학 원론』이었다.

우리는 지금 지구 내부의 열은 상당량이 방사성 동위원소의 붕괴에 의한 것임을 알고 있지만, 켈빈이 살던 시기에는 이러한 계산에 대한 논쟁의 여지는 없었던 것 같다. 물리학의 법칙과 수학 능력으로 무장을 했을 뿐만 아니라 학문에 대한 명성이 높고 지지가 자자했던 켈빈의 발표는 지질학 또는 생물학적 관점에서 정성적으로 추정한 결과치보다 훨씬 더 신뢰성 있게 받아들여졌기 때문이다. 오늘날 절대온도를 표시하는 단위 K가 켈빈의 K이다.

19세기 말에 이르자 모든 것이 바뀌게 되었다. 방사능이 발견된 것이다. 이에 따라 물리학에 근거하여 계산된 지구 나이 값은 지구 나이를 추정하는 데 최소값은 될 수 있으나 최대값은 될 수 없다는 확신이 퍼지게 되었다. 따라서 시간을 가늠하는 스케일은 한층 확대되어 지구 나이는 켈빈이 계산한 1억 년을 훨씬 뛰어넘게 되었다.

1956년, 미국의 패터슨(Clair C. Patterson, 1922~1995)은 지구 나이를 정확하게 측정하였다. 1940년대 납의 오염에 관한 연구를 하던 패터슨은 지구화학자인 틸튼(George Tilton, 1923~2010)과 공동으로 U-Pb법과 Pb-Pb법을 개발하였다. 동시에 연대측정법과 관련된 측정기기도 개발하였다. 캐논 디아블로(Canyon Diablo) 운석의 납 동위원소에 대해 자신이 개발한 측정기기와 측정법을 적용하여 얻은 데이터를 분석한 다음 얻은 지구 나이는 45.5억 년(±7천만 년)이었다. 지구로부터 얻은 시료가 아닌 운석으로부터 얻은 시료이지만, 태양계 생성 당시 지구와 운석이 같이 생성되었다는 가정에 따른 것이다. 방사능 연대는 미국 국립알곤연구소(Argonne National Laboratory)에 설치된 당시에는 최신의 질량분석기를 이용해 측정한 것이었다. 패터슨의 지구 나이는 지금도 유효하며, 오차만 ±2천만 년으로 줄어들었을 뿐이다.

1960년대에 들어와 패터슨은 인체나 환경이 납에 의해 오염되는 것의 위험성을 일반 대중에게 알리기 시작하였다. 이로 인해 패터슨은 납과 유관한 업체나 기관 및 단체들로부터 협박을 포함하여 많은 불이익을 당하였다. 의로운 패터슨 덕분에 오늘날 전 세계의 일반 대중은 휘발유에 납을 섞지 않은 휘발유, 즉 무연휘발유를 자동차 연료로 사용하게 되었다.

지구 나이가 이전에 유추하였던 것보다 장구한 것으로 밝혀지게 되자, 지질학을 비롯하여 생명과학과 우주과학 분야는 길어진 시간에 걸맞은 보다 넓어진 시야와 새로운 지평이 열리게 되었다. 즉 137억 년 전에 우주가 생겨났으며, 135억 년 전에 원소와 많은 항성이 생성되었다. 또한 태양계가 형성되면서 지구가 만들어지고 난 다음 38억 년 전쯤 지구상에 생명체가 출현을 하게 되었다. 5.6억 년 전에 고생대가 시작되었으며, 이후 지구의 생명체는 진화에 진화를 거듭하여 오늘에 이르게 되었다는 것이다.

지구 조성에 대한 18세기 인식

과학의 전성시대에 다양한 분야가 나름대로 발전을 하고 있을 때, 단지 호기심으로 지구의 표면이 아닌 내부에 관심을 갖고 있던 사람이 있었다. 프랑스의 박물학자이자 수학자인 뷔퐁(Georges-L.L., Comte de Buffon, 1707~1788)은 최초로 지구 내부의 구성 성분을 실질적인 방법을 이용하여 유도하려고 시도했다. 뉴턴이 주장한 대로 자전에 의해 지구 적도 부분이 부풀어오르기 위해서는 지구 내부가 용융 상태에 있어야만 된다고 뷔퐁은 생각하였다.

1778년 발행된 저서 『자연시대(Les epoques de la nature)』에서 뷔퐁은 태양계의 기원에 대해 이론적으로 유추한 주장을 하고 있는데, 태양계 내의 모든 행성은 혜성이 태양과 충돌하면서 떨어져 나온 파편들에 의해 생성되었다는 것이다. 지구 역시 이렇게 생성된 다음, 경고한 물질이 먼저 굳어져서 육지가 되었고, 남겨진 휘발성 물질은 나중에 모여서 바다가 되었다는 것이다. 이후 육지는 분산되었으며, 땅과 바다에 생명체가 탄생하게 되었다고 주장하였다.

여기에 더해 뷔퐁은 물질이 냉각하는 데 걸리는 시간을 측정하기 위해 철에 대한 냉각 실험을 하여 냉각률을 측정한 다음, 이를 근거로 지구 나이가 7만 5천여 년이라는 주장을 하기도 하였다. 지질학을 포함하여 방대한 양의 저술 활동을 한 뷔퐁은 19세기 전반에 걸쳐 식물학 및 동물학 등 생물학을 연구하는 학자들에게 큰 영향을 끼쳤는데, 라마르크(J.-B. Lamarck, 1744~1829)와 퀴비에도 뷔퐁의 영향을 받았다. 라마르크는 생물학적 진화의 개념을 최초로 제시하여 다윈을 포함한 많은 학자들에게 큰 영향을 끼친 프랑스의 박물학자이다.

뷔퐁 이후, 냉각에 의한 지구 생성 모델 이론에서 더 나아간 것이 고체 지각이 지구 내부의 냉각에 따라 수축되면서 산맥이 생성되었다는 것이었다.

지진과 지구 내부

지진에 대한 아리스토텔레스의 고전적인 해설에 따르면 지진이란 지하 동굴에 있는 가스가 빠져나오려고 할 때, 땅이 요동을 치는 것이라 하였다. 유럽의 중세기에 이르자 지진 발생에 대해 좀 더 모호한 언급이 출현하는데, 바로 동물을 이용한 것이었다. 지하에 사는 거대한 뱀이 끊임없이 움직여서 땅이 꿈틀대는 것을 지진이라고 한 것이다.

이에 반해 동물의 움직임이 탐탁지 않았던 반대론자는 지구를 받들고 있는 지구 내부의 물이 격렬하게 요동을 치면 지진이 발생한다는 주장을 하였다. 지진이 빈번하게 발생했던 일본의 경우에는 땅속 진흙에 사는 거대한 메기가 요동을 치게 되면 지진이 일어나는데, 무거운 돌로 메기를 누르고 있어야만 지진이 잦아든다는 이야기를 지어 내기도 하였다.

장형 : 지남철(나침반)의 발명으로 과학세계에 일조한 중국이 지진계를 처음 만들어 지진을 처음으로 감지해 냈다. 후한 시대 공무원이던 장형(張衡, 78~139)의 주요 임무는 천문 관측이었지만, 다양한 분야에 관심을 갖고 있었다. 중국에는 예나 지금이나 지진 발생이 빈번하다. 이러한 중국에서 지진 발생을 미리 안다는 것은 과학을 떠나 정치·사회적으로 남다른 의미가 있었다. 장형이 지진계를 고안해 만들어내던 당시에도 과학보다는 중국 특유의 사회상이 더 작용한 것으로 보인다. 장형이 제작한 지진계 '후풍지동의(候風地動儀)'는 현재 남아 있지 않다. 그러나 『후한서』 기록에 따르면 여덟 방향으로 놓인 용의 입에 넣어둔 구슬이 땅이 흔들리면서 기울어지면 아래로 떨어지게 디자인되었다고 한다. 용의 입 아래에는 두꺼비가 입을 벌리고 있어 떨어진 구슬을 받아내도록 제작된 것이다. 장형은 이 기기를 이용하여 후한의 서울인 낙양에서 북서쪽으로 640㎞ 떨어진 마을, 농서에서 지진이 발생했다는 것을 예언하였는데, 며칠 후 사실임이 밝혀졌다고 한다. 지진에 대한 최초의 과학적 접근이자 원격 탐사 및 예보였다. 천문관인 장형은 혼천의(渾天儀)를 발명하기도 하였다.

말레와 밀른 : 장형 이후 1500여 년이 흐른 다음, 지진에 대해 근대적 인식을 한 사람은 17세기 영국의 철학자이자 과학자인 훅(Robert Hooke, 1635~1703)이었다. 훅은 지진이란 땅이 움직이는 현상이라는 점을 포착하였다. 이후 19세기 중엽 아일랜드의 지구물리학자인 말레(Robert Mallet, 1810~1881)는 지진에 의해 땅이 요동을 치는 것은 진원지에서 사방팔방으로 퍼져나간 '지진파'에 의한 것이라는 사실을 인지하게 되었다. 말레의 통찰력은 천부적이었는데, 지구 내부를 통과해서 도달하는 지진파의 시간을 측정하면 지구 표면 아래에 있는 보이지 않는 땅의 무엇인가를 알 수도 있을 것이라는 확신을 하고 있었다. '지진학(seismology)'이란 용어를 처음으로 사용한 말레는 '지진학의 아버지'로 칭송받고 있다. 말레 덕분에 지진학은 지구 내부를 연구하는 주요 수단이 되었다.

말레가 타계한 지 2년 후인 1883년, 일본의 한 대학에서 교수로 재직하던 영국의 지질학자 밀른(John Milne, 1850~1913)은 지진계를 처음으로 제작하였다. 당시 밀른이 제작한 지진계는 추를 이용해 지진의 수평 성분만을 감지할 수 있는 원초적인 기기였다. 1895년 영국으로 돌아온 밀른은 자신의 집에 지진계를 설치한 다음, 전 세계에서 발생하는 지진을 모니터할 수 있는 세계 최초의 지진 네트워크를 구축하였다.

올덤 : 밀른에 이어 매우 정교하게 디자인된 지진계가 독일의 레바르-파슈비츠(Rebeur-Paschwitz, 1861~1895)에 의해 제작되었다. 1889년 4월, 일본 도쿄에서 발생한 지진을 독일의 포츠담에서 감지하였는데,

바로 이 기기가 이룬 성과였다. 이 지진 기록은 지진파가 지구 내부를 가로질러 어느 곳으로나 전파(propagation)할 수 있음을 증명해 줌으로써 지진학계 전체를 자극하는 계기가 되었다. 영국의 올덤(Richard D. Oldham, 1858~1936)은 1906년 미국 샌프란시스코 지진을 분석하여 지진파가 지구 내부 매우 깊은 곳에서는 전파 속도가 느리다는 것을 밝혔다. 올덤은 추후에 자신의 측정치를 더욱 자세하게 분석하여 지구 내부는 층상구조이며, 맨틀과 핵으로 분리되어 있다는 것을 밝혀냈다. 올덤이 당시 추정한 핵의 반지름은 2,550km인데, 지금의 약 3,400km에 비하면 작은 값이다. 이후 올덤이 처음으로 발견한 맨틀 아래 핵의 존재에 대해서는 많은 논란이 끊임없이 이어졌는데, 이 문제는 1926년 제프리스(Harold Jeffreys, 1891~1989)가 지구 핵은 액체이며 이는 지구 조석(Earth tide) 및 다른 측정치로부터 확실하다는 것을, 즉 지구 핵은 매우 낮은 강성률(rigidity)을 갖고 있어야 한다는 것을 확정적으로 증명하면서 일단락되었다. 지구 핵의 성분을 둘러싼 논쟁의 소지는 여전히 남아 있으며 지금까지도 끝나지 않은 명제이지만, 철이 주성분인 것만은 확실한 것 같다.

올덤은 1879년 인도지질조사소에 근무할 당시에 분석했던 데이터를 1900년 다시 검토하여, 지진파가 막 도달하였을 초기 단계에 나타나는 두 파형의 파동 중에서 첫 파동을 P-파(primary wave), 둘째 파동을 S-파(secondary wave)로 구분하였다. 또한 진폭이 크고 마지막으로 도착하는 파동이 표면파(surface wave)이며, 지구 표면을 따라 전파된다는 것을 밝혔다. 지진파의 종파인 P-파, 횡파인 S-파, 그리고 표면파를 구분하여 명칭을 붙인 사람이 바로 올덤이다.

모호로비치 : 유고슬라비아의 기상학자 모호로비치(Andrija Mohorovicic, 1857~1936)는 1892년 자그레브 대학교(University of Zagreb) 부설 기상관측소 소장에 임명되면서 지진 연구에 매진하게 되었다. 1909년 10월, 자그레브 동남쪽에서 소규모의 지진이 발생하였다. 29개 관측소에서 얻은 지진 기록을 수집하여 분석하던 도중, 모호로비치는 이상한 현상을 발견하였다. 다름 아닌 두 그룹의 지진파가 다른 속도로 전파되는 것이었다. 진앙거리 200㎞ 안에서는 한 무리의 P-파와 S-파가 먼저 도달하고, 이 범위를 벗어나면 다른 무리의 P-파와 S-파가 먼저 도달하는 것이었다. 모호로비치 이전의 지진학자들도 지진파속도는 전파하는 물질의 종류와 밀도에 따라 변한다는 것을 알고 있었다. 그러나 속도가 서로 다른 두 무리의 P-파와 S-파가 존재하는 것은 알지 못했다.

모호로비치는 이러한 지진파 무리가 서로 다르게 나타나는 원인은 지구 바깥쪽에 있는 지각 아래에 지진파의 속도가 빨라지는 층이 존재하기 때문이라고 설명하였다. 지진파 속도의 차이가 나는 지층이 지하에 있다는 사실, 즉 맨틀의 존재를 처음으로 인지하게 된 것이다. 이 성과를 기리기 위해 지각과 맨틀의 경계를 '모호로비치 불연속면(Mohorovicic discontinuity)', 간단하게 '모호면'이란 줄여 부른다. 지구 내부 구조에 대한 지진파 탐사의 여정이 본격적으로 시작되는 시발점이 마련된 것이다.

구텐베르크 : 모호면이 발견되고 나서 5년이 흐른 1914년, 독일 괴팅겐(Gottingen) 대학에는 지진파 암영대(seismic shadow zone, 그림 4-2)에 관심을 갖고 있던 구텐베르크(Beno Gutenberg, 1889~1960)가 있었다. 당시

진앙으로부터 각거리 104°~140°에서는 P-파가 사라진다는 것이 이미 알려져 있었으며, S-파는 104°가 넘는 각거리에서는 관측이 전혀 되지 않았다. 이에 대한 설명으로 구텐베르크는 지구 내부에 S-파가 통과할 수 없는 핵이 있는데, 핵에는 녹아 있는 물질이 있다는 가정을 하였다. P-파는 액체 상태인 핵을 통과하므로 S-파가 감지되지 않는 각거리에서도 감지가 된다. 그러나 S-파는 감지되지 않기 때문에 지구 핵 어딘가는 녹아 있어야 한다고 유추한 것이다. 지구 내부 모델을 설정한 다음, 핵을 다양한 모양과 크기로 변화시키며 지진파 속도와 비교분석(fitting)을 반복한 끝에 구텐베르크는 약 2,900㎞ 깊이에 핵이 있다는 결론에 도달하였다. 이 깊이는 매우 정확한 값으로 최근에 계산된 값과 별로 차이가 없다.

유태인이었던 구텐베르크는 당시 위기 상황에서 벗어나기 위해 미국

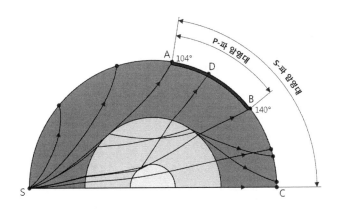

그림 4-2 지진파 암영대
지진파의 속도가 맨틀보다 느려지는 외핵에 의해 P-파는 굴절하고 S-파는 통과하지 못해 각거리 104°에서 140° 사이(AB)는 P-파가 도달하지 못하는 암영대이다. S-파의 암영대는 180°(AC)까지 확대된다. D는 내핵에서 반사된 P-파가 암영대에 도달하는 지점을 나타낸다.

으로 이주한 다음, 1930년 캘리포니아 공과대학(California Institute of Technology, 칼텍)의 교수가 되었다. 칼텍에 지진연구소를 설립한 구텐베르크는 이 연구소를 지진 연구의 세계적인 중심으로 육성하였다. 리히터(Charles F. Richter, 1900~1985)가 바로 그의 제자이다. 리히터와 함께 구텐베르크는 다음과 같은 지진의 규모와 에너지 관계식을 개발하였다. $\log E(s) = 11.8 + 1.5M$. $E(s)$는 지진파의 에너지로 단위는 에르그(erg)이고, M은 지진 규모이다.

리만 : 리만(Inge Lehmann, 1888~1993)은 덴마크의 지진학자이다. 리만이 이룬 가장 큰 연구 성과는 1936년에 지구 내핵의 존재를 밝힌 것이다. 그 이전까지 지구과학자들은 지구의 핵은 모두 액체일 것으로만 여겼는데, 액체 안에 고체 핵이 있다는 것을 밝힌 것이다. 학부에서 수학을 전공한 리만은 1925년 측지학을 전공하는 교수의 조수가 된 다음부터 지진파를 분석하기 시작하였다. 지각과 맨틀 그리고 맨틀과 핵 사이의 경계는 20세기 초에 밝혀졌다. 이후, 보다 정교하게 개발된 지진계에 의해 지진파 암영대 안에 위치하는 각거리 110°에 P-파가 도달하는 것이 감지되었는데, 지진파의 강도는 너무 미약했다. 이에 대해 당시 지진학자들은 P-파가 핵에서 회절(diffraction)을 한 것이라는 해석을 하였다. 그러나 이 해석은 옳은 것이 아니었다.

실마리는 덴마크 국립측지연구소에 근무하던 리만에 의해 풀리게 된다. 1936년에 발표한 논문에서 리만은 내핵의 존재를 처음으로 언급하였다. 암영대에서 매우 약하게 잡히는 P-파는 핵에 의해 회절된 것이라기보다 5,000㎞ 정도 되는 깊이에 P-파의 속도를 급격하게 증가시킬 수 있는 내핵에 의해 P-파가 반사되는 것이 더 적절하다고 설명한 것이다. 내핵의 존재는 지구의 운명과 연계되어 매우 중요한 역할을 한다. 지구의 자전 주기가 늦어지는 이유도 여기에 있다(6장 참조).

1953년 퇴직한 리만은 미국 뉴욕의 컬럼비아 대학에서 유잉(M. Ewing) 및 프레스(F. Press)와 함께 지각과 상부 맨틀에 대한 연구를 하기 시작했다. 이 공동협력 연구에서 리만은 대륙 하부의 암권과 중앙 해령에서 멀리 떨어진 해양 암권의 하부에 존재하는 또 하나의 지진파 불연속면을 발견하게 되었다. 이 불연속면은 상부 맨틀 아래 220± 30km 정도의 깊이에 존재하는 저속도층(low velocity zone, LVZ)으로 지진파의 속도가 3~6% 정도 감소하는데 P-파보다 S-파가 더 영향을 크게 받는 구역이다. 리만 불연속면(Lehmann discontinuity)이다.

LVZ은 약권 어디에나 존재하지만, 순상지같이 지진파 속도 변이가 거의 없는 지역의 하부에는 존재하지 않는다. LVZ가 존재하는 이유는 이 구역에서 발생한 부분 용융 때문이며, 용융된 양은 LVZ 부피의 1% 정도로 추산되고 있다. LVZ에 물이 혹시 존재한다면 이 구역에서 용융 온도를 낮추는 역할과 동시에 생성되는 암석의 화학 조성에도 큰 영향을 끼칠 것으로 추정하고 있다.

중력과 지구 내부

뉴턴(Isaac Newton, 1642~1727)은 중력 이론에 관한 한 인류 과학사에 기념비적 업적을 남겼다. 바로 만유인력의 법칙이다. 그러나 뉴턴은 자신의 중력 이론을 실험실에서 테스트할 수는 없었다. 그것은 두 질량체 사이에 작용하는 힘이 너무 작아 직접 측정할 수 없었기 때문이다. 즉 뉴턴은 비례상수인 중력상수를 측정하지는 못했다. 우리가 현재 알고 있는 중력상수(gravitational constant, G)는 캐번디시(Henry Cavendish, 1731~1810)가 측정한 것이다. 캐번디시의 대표적인 연구 성과는 수소의 발견과 G 값의 측정이다. 그는 아연 조각에 염산을 부었을 때 발생하는 기체가 수소임을 밝혀냈으며, G 값을 측정함으로써 지구 질량을 측정하였다.

뉴턴은 만유인력의 법칙을 정립하여 중력과 원심력의 작용으로 지구는 적도 부분이 부풀어져 있어야 한다는 것을 이론적으로 증명하였다. 이를 확인하기 위해 프랑스 학자들은 측지를 하였는데 처음에 얻은 결과는 자전축을 따라 지구가 신장되어 있는 것처럼 나타났다. 뉴턴의 계산과는 반대의 결과였다. 그러나 추후 이 문제에 대해 프랑스 정부는 다른 위도에서 측량을 실시하여 뉴턴이 옳았음을 확인해 주었다. 지구는 적도 반경이 극 반경보다 길다는, 즉 편평하다는 것을 증명한 것이다.

지체구조운동과 지질 현상의 변화 등으로 미루어 보면 지구는 과거에도, 또한 현재에도 역동적인 변화를 끊임없이 이어가고 있다. 그렇다면 어떠한 힘이 수직 방향으로 지각을 융기시키며, 지구 내부는 이러한 현상에 대해 어떠한 반응을 하고 있나? 이 문제 해결의 열쇠는 전혀 다른 곳에서 시작되었다.

부게(Pierre Bouguer, 1698~1758)는 1735년부터 1745년까지 안데스 산맥에서 중력을 측정함으로써 소위 '지구 무게 측정(weigh the Earth)'을 시도하였는데, 안데스 산맥이 부피에 비해 기대했던 것만큼 질량이 더 나가지 않는다는 것을 밝혀냈다. 이후 이러한 현상은 많은 곳에서 측정되어 보고되었는데, 특히 에베레스트(George Everest, 1790~1866)의 측지팀은 북부 인도의 히말라야 인근에서 중력 측정을 한 데이터에 대해 거대한 산맥의 질량이 부족한 것은 산맥 하부의 암석이 주변의 암석보다 밀도가 낮기 때문인 것으로 해석하였다.

1855년 프랫(John H. Pratt, 1809~1871)과 에어리(Sir George B. Airy, 1801~1892)는 각각 독자적으로 지각의 평형에 대해 다음과 같이 언급하였다. "산맥은 본질적으로 밀도가 높은 하부 물질 위에 떠 있는 것이다." 두 설명의 차이점은 하나는 최고봉이 밀도가 가장 낮은 암석으로 구성되어 있고, 다른 하나는 깊이가 가장 깊다는 것이다.

이러한 가설을 적절히 조합하면 지각 평형에 대한 설명이 가능한데, 우리가 지금 알고 있듯이 산맥이 주변보다 고도가 높은 이유는 우선 산맥의 두께가 두껍고 뿌리가 깊기 때문이다(에어리). 반면 대체로 대륙은 해저 면보다 높은데 대륙이 밀도가 낮은 물질로 구성되어 있기 때문이다(프랫). 이것이 대륙과 해양이 근본적으로 다른 점이다.

지각평형설(isostacy)에서 명백하게 요구되는 것은 지지하는 지층 위에 있는 견고한 지층의 존재이다. 상부층은 충분한 강성(rigidity)을 갖고 있어야만 지표면에서 지형을 유지할 수 있다. 만약 강성을 갖고 있지 못하면 곧 평평해질 것이다. 또한 강성을 갖는 상부층 아래에는 상부층이 유동할 수 있을 정도의 강도를 갖는 층이 존재해야 한다. 즉 강성을 갖는 상부층이 암권이고 하부의 유지층이 바로 약권이라는 것이다.

지각 평형에 대한 두 가지 가설, 즉 프랫과 에어리의 가설은 조산운동에 대한 단편적인 해석에 지나지 않는다. 왜냐하면 어떻게 밀도가 낮은 암석이 그 위치, 그 장소에 매우 두껍게 쌓여 있을 수 있게 되었는가를 설명할 수 없었기 때문이다. 이에 대한 해석은 100여 년 후에 등장하게 되는 판구조론(plate tectonics)에 의해 명쾌한 해석이 내려질 때까지는 풀리지 않는 난제로 남아 있어야만 했다.

베게너와 대륙이동설

베게너 이전의 대륙이동설

미국의 지질학자 테일러(Frank B. Taylor, 1860~1938)는 베게너가 대륙이동설을 주장하기 4년 전인 1908년, 지구 표면이 움직여 대륙이 갈라진 다음 서로 멀어지게 되면 대서양과 같은 바다가 만들어지고, 서로 부딪히게 되면 안데스나 히말라야 같은 거대한 산맥이 만들어진다는 내용의 논문을 발표하였다. 대서양 양안인 아프리카 동쪽 해안과 남아메리카 서쪽 해안의 얕은 바다, 즉 양안의 대륙붕은 서로 맞닿아 있다가 분리되었다는 언급도 하였다.

테일러가 이런 주장을 하게 된 근간은 안데스·로키·히말라야·알프스 등 이렇게 큰 규모의 산맥이 만들어지기 위해서는 아주 거대한 측방압력(lateral pressure)이 필요했을 것이라고 생각했기 때문이다. 이러한 압력을 받아 지구 표면이 위쪽으로 밀려 올려가게 되면 높은 산이 만들어질 수 있다는 것이었다.

그러나 이러한 테일러의 주장은 모든 지질학자에게 무시를 당하고 만다. 아마도 테일러가 건강 문제로 정규 교육을 받지 못한 채 오대호 인근에서 요양을 하면서 빙하지질학을 독자적으로 공부했기 때문일 것이었다. 테일러는 1882년 하버드대학교에 입학하여 지질학과 천문학을 공부하였으나 졸업을 하지는 못했다. 건강이 문제였다.

테일러는 이후 발표한 논문에서 대륙이 이동할 수 있었던 구동력(driving force)에 대해 달이 지구에 포획되는 동안 발생한 조석력이라고 주장하였다. 이러한 주장을 하게 된 배경에는 당시 지구 생성과 관련하여 소행성설이 발표되었는데(2장), 이에 영향을 받은 테일러가 달이 혜성일 것이라는 생각을 한 것이 아닌가라고 미루어 짐작할 수 있다. 히말라야 산맥이나 알프스 산맥의 습곡 구조는 달의 조석력에 의해 적도 쪽으로 대륙이 해저를 쟁기 갈 듯이 파면서 끌려가는 동안 생긴 주름이라는 주장도 하였다. 지금 우리는 테일러의 주장이 틀렸음을 알고 있지만 당시 측방운동에 의한 대륙의 충돌이 조산운동의 원인임을 처음으로 갈파한 그의 통찰력은 높이 평가받아야 마땅하다.

베게너의 대륙이동설

판구조론의 태동은 지질학과는 별로 연결고리가 없는 대륙이동설이라고 보는 게 맞다. 20세기 초반, 오스트리아 태생의 독일 천문학자 겸 기상학자이자 고기후학자인 베게너(A. Wegener)가 처음으로 이러한 주장을 했기 때문이다. 지구수축설이 폐기된 지 얼마 안 되어 베게너는 1912년 대륙이 지구 표면을 가로질러 천천히 움직이고 서로 부딪히면서 땅덩어리를 만들기도 하고 서로 갈라져 바다가 되기도 한다는 이론, 즉 대륙이동설(Theory of the continental drift)을 발표하였다. 대륙이 소멸되지 않고 옆으로 이동한다면, 지구수축설로 설명이 가능한 습곡 산맥의 생성과, 동시에 지구팽창설로 설명이 가능한 열곡 생성의 이론적 배경을 제공해 줄 수 있다. 즉, 어떤 물체가 측방운동을 하면 압축력과 장력을 동시에 발생시킬 수 있기 때문이다. 대륙이 움직이는 방향의 앞부분은 압축 상태에 있고, 대륙의 내부나 뒷부분은 장력 상태에 있을 수 있기 때문이다.

베게너 : 알프레드 베게너(Alfred L. Wegener, 1880~1930)는 1904년 베를린(Berlin) 대학에서 천문학 박사학위를 받았다. 그러나 베게너는 천문학 이외에 기상학과 기후학뿐만 아니라 지질학, 고생물학, 지구물리학 등 지구의 자연적인 현상을 폭넓게 이해하기 위해 많은 분야에 깊은 관심을 갖고 있었다. 베게너는 1905년 독일 린든베르그(Lindenberg) 항공관측소의 연구조교가 되었다. 여기서 같이 근무하게 된 두 살 많은 친형 쿠르트(Kurt Wegener)와 함께 기상학 연구를 시작하였다. 쿠르트 역시 기상학은 물론 극지 연구에도 관심이 많던 신예 과학자였다. 1906년 두 형제는 최초로 열기구를 타고 베를린을 출발하여 북해(North Sea) 상공을 돌아 프랑크푸르트로 돌아오는데, 이 연구 루트에서 수행한 기류 관측에 관한 연구는 기상학 분야에서 진일보한 시도로 평가를 받았다. 당시 열기구를 이용하여 비행한 베게너 형제의 체공 시간은 총 52.5시간으로 세계 최고 기록이었다.

1906년 베게너는 그린란드(Greenland) 원정에 처음으로 나섰다. 이때 얻은 북극권역 탐사 첫 경험이 앞으로 자신의 나머지 인생을 뒤엎게 되는 결정적인 전환점이 될 줄을 당시에 그는 알지 못했다. 원정의 첫 번째 목적은 그린란드에서 아직 탐사가 이루어지지 않은 지역인 북동해안을 조사하는 것이었다. 탐사 기간에 베게너는 연과 풍선을 이용해 북위 77° 상공에서 기상을 관측할 수 있는 측후소를 만들기도 하였다. 그린란드에서 2년가량 기상관측 및 천문관찰 탐사에 참여한 베게너는 1908년 봄, 독일로 돌아와 1차 세계대전(1914~1918)이 발발할 때까지 6년 동안 마르부르크(Maxburg) 대학에서 우주물리학과 천문학, 그리고 기상학을 강의하였다. 1909년과 1910년에 걸쳐서는 그린란드 원정 때 얻은 많은 양의 탐사 자료를 분석하여 기상학 교재인 『대기열역학(Thermodynamics of the atmosphere)』을 출판하기도 했다.

그러나 가장 획기적인 사건은 1912년 1월 6일 프랑크푸르트에 있는 자연사박물관에서 개최된 심포지엄의 지질학 관련 분과위원회에서 대륙이동에 대한 자신의 생각을 처음으로 발표한 것이었다.

1913년 초, 베게너는 2차 원정길에 올랐다. 원정대는 필요한 물품과 짐 운반용 조랑말을 구입하기 위해 아이슬란드에 잠시 들른 다음 그린란드 동쪽 해안에 위치한 단마르크샤븐(Danmaarkshavn)에 도착하였다. 그러나 내륙에 위치하고 있는 조사 지역으로 출발도 하기 전에 얼음이 깨지며 사고를 당하는 사건이 발생하는 바람에 원정에 차질이 빚게 되었다. 이 사고로 원정대장인 코흐(Koch)는 부상을 당해 입원을 하지 않으면 안 되었다. 베게너는 원정대장과 함께 그린란드 북동지역에 머물 수밖에 없었다. 이때 베게너는 숙소 근처의 빙하에서 심도 25m까지 오거(auger, 흙 속에 구멍을 뚫는 도구)를 이용해 시추를 하는 데 성공하였다.

여름이 되자 내륙 횡단을 시작하였지만, 길을 잘못 드는 바람에 서쪽 대피소를 몇 킬로미터 남기고 식량부족과 함께 갈라지는 빙하 틈,

즉 크레바스와 사투를 벌이지 않으면 안 되었다. 이러는 동안 아이슬란드에서 구입한 개와 조랑말은 원정대원의 식량이 될 수밖에 없었다. 그런데 다행히 이때 도망간 조랑말이 그린란드의 환경에 적응해 지금도 야생에서 생존하고 있다. 원정대는 천만다행으로 이곳 지리에 익숙한 목사가 근처를 지나다 도움을 준 덕분에 피요르드 근처에서 모두 구조되었다.

1913년 후반기에 고국으로 돌아온 베게너는 결혼을 했는데, 장인이 독일 기상학의 거물로 그의 멘토 겸 은사였던 쾨펜(Wladimir P. Koppen, 1846~1940)이었다. 지질학과 지구물리학에도 조예가 깊었던 쾨펜은 나중에 베게너와 함께 『선사시대의 기후(The Climates of the Geological Past)』라는 저서를 발간하였다. 장인과 사위는 모두 '고기후학(paleo-climatology)'의 창시자로 추앙받고 있다.

결혼 후 베게너는 마르부르크 대학에서 강의와 연구를 계속하였다. 1914년 1차 세계대전이 발발하자, 베게너는 독일 육군 장교로 징집되어 참전하게 되었다. 두 번의 전투에서 두 번 다 부상을 당한 베게너는 육군기상대로 근무지를 옮기게 되는데, 1915년 전쟁의 와중에도 일생의 짐이 되어 버린 책 『대륙과 해양의 기원(The Origin of Continents and Oceans)』 초판을 발간하였다. 전쟁이란 혼돈스러운 상황 속에서 이 책에 대한 관심은 당연히 낮을 수밖에 없었다. 전쟁이 끝날 때까지 베게너는 기상학 및 지구물리학과 관련된 논문을 20여 편 썼으며, 모든 논문이 과학의 새로운 분야를 개척하기 위해 출정을 하는 듯한 내용이었다.

전쟁이 끝난 직후인 1919년 베게너는 함부르크에 있는 독일 해군 관측소에 취업하여 기상학 연구원으로 근무하였다. 이 관측소에서 근무하던 1919~1921년 사이에 진행한 연구 결과는 고기후학에 지대한 영향을 끼쳤는데, 장인인 쾨펜과 밀란코비치(Milutin Milankovic, 1879~1958) 등과의 협동 연구로부터 얻은 성과였다. 밀란코비치는 세르비아 출신의 수학자이며 지구물리학자 겸 기후학자이다. 기후학에 끼친 밀란코비치의 영향은 매우 크며 주요 연구 내용은 다음과 같다. 첫째, 태양계 모든 행성의 기후를 특징짓는 일사량에 관한 연구와 둘째, 밀란코비치 사이클(Milankovic cycle)로 알려진 태양계 내에서 지구의 위치 변이에 따른 장기적인 기후변화에 관한 연구이다.

1921년 베게너는 새로 개교한 함부르크 대학교의 전임강사로 위촉되었다. 1922년에는 『대륙과 해양의 기원』을 전면 개정하여 제3판을 출간하였는데 독일어와 함께 영어, 프랑스어, 스페인어, 러시아어 등으로 된 번역본도 출판되었다. 바야흐로 대륙이동설이 국제화된 것이다. 그러나 다국적 전문가 집단으로부터 날아든 반응은 거의 모두 혹평이었다. 스위스와 영국의 소수 학자는 창의적인 가설이라며 꽤 호의적인 반응을 보이기도 하였지만, 반대파의 대세 앞에서는 존재감마저 없었다.

1924년에는 오스트리아의 그라츠(Graz) 대학에서 기상학과 지구물리학을 강의하는 교수로 임용되었다. 베게너는 이곳에서 대기물리학과 대기광학뿐 아니라 토네이도에 대한 연구에 집중하였다. 이와 병행하여 2차 그린란드 원정에서 얻은 자료에 대한 과학적 분석과 평가를 이어갔다. 1926년에는 미국을 방문하여 뉴욕에서 열린 미국석유지질학자협회(American Association of Petroleum Geologists) 심포지엄에서 자신의 대륙이동설을 발표하였다. 베게너에게 돌아온 반응은 의장 한 명을 제외한 전원의 비난이었다.

그로부터 3년 뒤인 1929년, 베게너는 제4판이자 그에게 마지막이 된 책을 출판하였다. 같은 해, 베게너는 세 번째 그린란드 원정을 떠나는데, 목적은 이듬해 계획된 제4차 겸 핵심 원정에 필요한 것을 점검하는 사전조사 성격을 띤 것으로 당시에는 혁신적인 운송기기인 내연기관 엔진으로 작동하는 스노 모바일을 테스트해 보는 것도 포함되어 있었다.

1930년 4월 베게너는 4차 원정을 떠난다. 우리는 이것이 마지막임을 알지만 당시 베게너는 전혀 예상하지 못했을 것이다. 4차 원정대 대장은 베게너 자신이었다. 총 14명의 원정 대원은 아이슬란드 빙하의 두께를 측정하고, 1년 내내 극지방의 기후를 관측할 수 있는 영구 시설 3개소를 설치하는 것이 목표였다. 그린란드 동쪽과 서쪽 해안에 각 1개소의 캠프와 함께 나머지 하나는 그린란드 한가운데 위치한 '아이스미테(Eismitte, 가운데 얼음, 북위 71°)'에 설치를 하는 것이었다. 아이스미테 캠프에서는 2명의 연구원이 월동을 할 예정이었는데, 성공 여부는 서쪽 캠프로부터 보급품을 제때에 얼마나 충분히 공급받는가에 달려 있었다.

해동이 늦게 되는 바람에 베게너 원정대는 6주 늦게 출발하였는데, 여름이 거의 끝나가고 있을 무렵이었다. 얼마 있지 않아 아이스미테로부터 온 전갈은 식량과 연료가 부족하다는 것이었다. 늦어도 10월 20일까지는 보급을 받아야 했다. 9월 24일, 베게너는 기상학자 뢰베(F. Loewe) 및 13명의 아이슬란드 원주민과 함께 보급품을 싣고 아이스미테로 출발하였다. 도로는 벌써 이정표가 거의 묻힐 정도로 눈이 쌓여 있었다. 설상가상으로 행군 도중, 온도가 영하 60℃까지 떨어지는 혹한으로 뢰베는 발에 동상이 걸리게 되었는데, 마취도 없이 발가락 10개를 자르지 않으면 안 되었다. 극한 상황에 이르자 베게너는 원주민 12명을 서쪽 캠프로 귀환시킨 다음, 나머지 3명, 즉 자신과 뢰베 그리고 안내인인 원주민 빌룸젠(R. Willumsen)과 함께 혹한 속에서 전진을 계속해 10월 19일 400㎞ 떨어진 아이스미테 캠프에 도착하였다. 이 캠프에는 3명을 위한 보급품만 있었기 때문에 나머지 2명은 서쪽 캠프를 향해 떠나지 않으면 안 되었다. 베게너와 빌룸젠은 각각 개썰매를 끌고 출발했는데, 아이스미테에는 개에게 줄 먹이조차 남아 있지 않았다. 썰매를 끌던 17마리 개의 수가 점점 줄어들면서 썰매를 2대에서 1대로 줄일 수밖에 없게 되었다. 이에 빌룸젠은 썰매를 몰고 베게너는 스키를 타고 행군을 계속하였다. 그러나 두 사람 중 어느 누구도 서쪽 캠프에 도착하지 못했다.

이듬해 4월, 상황을 파악하기 위해 아이스미테로 향하던 대원들이 200㎞를 전진하다 베게너의 시체를 발견하였다. 5월 12일이었다. 빌룸젠은 베게너가 죽자 시신을 묻고 스키를 곧추 세워 무덤 위치를 표시한 것이다. 당시 23세였던 빌룸젠은 지금까지 어디에서도 발견되지 않고 있다. 독일 정부는 베게너의 시신을 독일로 운구하려 하였으나, 베게너의 가족은 그린란드를 사랑한 베게너를 그곳에 남겨두고 싶어 했다. 베게너는 자신이 발견된 곳에 다시 묻혔고, 그 위에 큰 십자가를 꽂아 그를 추모했다. 50세 생일을 갓 넘기고 작고한 베게너의 사인은 아마도 심장마비인 것 같다. 그는 대단한 애연가, 즉 골초였다.

베게너와 빌룸젠의 시신은 아이슬란드 빙하와 만년설의 100m 아래에서 영면하고 있을 것으로 예상되며, 빙하의 흐름을 따라 언젠가는 그린란드 해안에 모습을 드러낼 것이다. 베게너의 4차 원정은 그의 친형인 쿠르트 의해 끝을 맺는다.

베게너의 증거

베게너가 '대륙이동설'을 발표하게 된 결정적인 계기는 한 편의 논문이었다. 대서양 양안의 동식물 화석이 유사하다는 내용이었다. 이에 더하여 두 대륙의 해안선 모양이 너무나 일치하여 혹시 아프리카 대륙과 남아메리카 대륙이 한때 붙어 있었던 것은 아니었는지 하는 생각을 하게 되면서부터이다. 대륙이동설은 베게너가 대서양 양쪽 해안, 특히 남아메리카와 아프리카의 해안선이 일치하는 것을 설명하려고 시도한 데서 출발하였지만, 이곳뿐만이 아니라 다른 대륙의 해안선에서도 유사성을 발견하게 되었다.

베게너는 자신의 생각을 확신시켜 줄 증거를 찾기 시작하였다. 1) 북미주의 애팔래치아 산맥과 영국의 스코틀랜드 지층이 서로 일치한다. 2) 남아프리카 고원과 남미 브라질의 지층이 일치한다. 3) 양치류나 소철 같은 열대지방에 사는 식물 화석이 남극에서 발견된다. 글로솝테리스(glossopteris)와 메소사우러스(mesosaurus)는 각각 베게너가 대륙이동설을 주장하면서 제시한 화석으로, 대서양을 사이에 두고 있는 두 대륙에서 모두 발견된 것이다(그림 4-3, 그림 4-4). 남극에서도 발견된 글로솝테리스는 단옆이며, 전체적인 형태는 볏잎과 비슷하고, 직사각형에 가까운 규칙적인 그물 모양의 잎맥을 갖고 있다. 고생대 말인

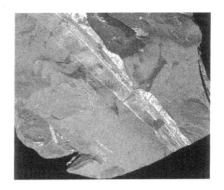

그림 4-3 글로솝테리스 화석
남극에서 발견된 글로솝테리스 화석.
고생대 후기 곤드와나 대륙에서 분포
했던 단엽식물인 소철류의 대표종이다.
암석은 회색 셰일이다.

석탄기 상부에서 페름기에 걸쳐 생존하였으며, 중생대 지층에서도
발견되고 있다. 메소사우러스는 길이가 40cm 정도가 가장 큰, 매우
작은 공룡이며, 고생대 하부 페름기에 번성하였던 파충류이다.

  베게너가 제시한 증거 중에서 가장 인상적인 것은 빙하에 관한 것
으로 약 3억 년 전의 것이다(그림 4-5). 만약 3억 년 전 대륙의 위치가
현재와 같았다면 빙하는 남반구의 모든 부분을 덮고 있었어야 하며,
장소에 따라서는 남반구 북쪽까지 빙하의 면적이 확대되어야 했다.
이렇게 빙하가 분포하기 위해서는 기온이 매우 낮아야만 한다. 그런

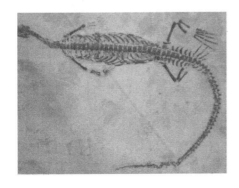

그림 4-4 메소사우루스 화석
고생대 하부 페름기에 번성하였던
메소사우루스 화석. 생존 기간은 2억
9000만~2억 5100만 년 전 사이이다.

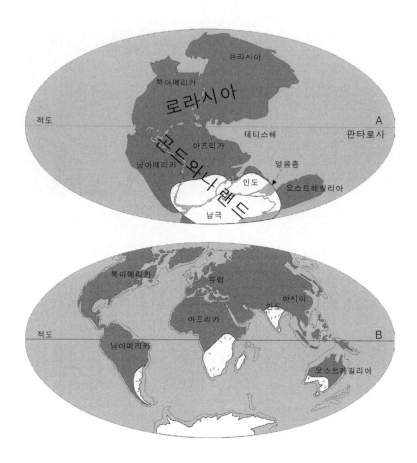

그림 4-5 팡게아의 구성과 고기후도(A) 및 이후 대륙의 이동(B)

팡게아는 당시 적도를 중심으로 남반구는 곤드와나 랜드(Gondwana land), 북반구는 로라시아 (Laurasia)로 구성되어 있었다. 두 대륙 사이의 바다가 테티스 해(Tethys sea)이다. 팡게아를 둘러 싸고 있었던 바다는 현재 태평양의 옛 것으로 판타로사라 한다. 당시 곤드와나 대륙의 남부는 남극에 가까워 빙하로 덮여 있었다. 이후 시작된 이동에 의해 대륙이 분열되면서 빙하의 흔적 은 현재 아래 그림에 표시된 대륙에 남아 있다. 빙하 지역의 중심은 현재 남부 아프리카 지역이 다. 남극 대륙은 현재 빙하로 덮여 있어 이동 방향을 추적하기가 불가능하다.

데 날씨가 그렇게 추웠다면 왜 북반구에서는 빙하의 흔적이 발견되지 않는 것일까? 아예 존재하지도 않는 것으로 판단되고 있다. 이것은 모순이다.

그러나 이러한 딜레마는 대륙이 이동을 하였다는 사실을 인정하면 빙하에 대한 설명은 명쾌하게 해결된다(그림 4-5 A, B). 3억 년 전에 빙하로 덮여 있던 지역은 지금 남극에 해당하는 지역이었다. 이러한 증거들을 종합하면 하나의 가설을 세우기에 충분한데, 대륙은 모두 한때는 같이 붙어 있었다는, 즉 팡게아의 존재이다. 팡게아의 북쪽에는 로라시아(Laurasia), 남쪽에는 곤드와나 대륙(Gondwanaland)이 있었다. 가설에 따르면 팡게아는 고생대 말과 중생대 트라이아스기에 어떤 이유에서인지는 모르겠지만 분열이 된 다음 조각난 대륙들이 천천히 움직여 현재의 위치로 옮겨오게 된다. 따라서 현재의 대륙을 원상회복시키면 팡게아로 되돌아갈 수 있다.

한계 : 이러한 지질학적인 증거에도 불구하고 많은 과학자들은 대륙의 움직임에 관한 한 매우 회의적이었다. 이는 약권에 대한 인식이 없었기 때문인데, 사실 암권과 약권에 대한 개념, 즉 횡적으로 구성성분이 바뀌지 않으면서 물리적 성질이 다른 물체의 존재에 대한 생각을 그 당시에 하기는 어려웠을 것이다. 베게너 역시 어떻게 부서지기 쉬운 암석이 다른 암석을 뚫거나 또는 위쪽으로 이동할 수 있는가라는 문제를 풀기 위해 고심을 하지 않으면 안 되었다.

뒤이어 밝혀진 사실은 대륙지각의 구성 암석은 해양지각의 암석과 다르고, 대륙지각이 해양지각보다 더 높은 지형을 이룬다는 사실이었다. 이러한 두 가지 사실을 바탕으로 베게너는 암석 강도에 문제는 있지만 대륙지각의 암석은 해양지각 암석 위로 미끄러져 갈 수 있을 것이라는 제안을 하였다. 그러나 이 제안 역시 강력한 반대에 부딪혔다. 반대편의 물리학자들은 대륙지각이 미끄러질 경우 발생할 수 있는 마찰력이 어마어마하게 크기 때문에 두 지각이 서로 분쇄되지 않고는 해양지각 위로 미끄러질 수 없다는 논리로 반박하였다. 지구 외핵을 발견한 제프리스(H. Jeffreys)는 가장 극렬하게 대륙이동을 반대한 학자였다. 그에게는 대륙이 움직인다는 언급 자체가 일고의 가치도 없는 것으로 받아들여졌는데, 이유는 대륙을 지표면에서 이동시킬 수 있을 정도로 큰 힘이 지구상에는 존재할 수 없다고 굳게 믿었기 때문이다. 제프리스는 판구조론이 정립된 1960년대 이후 세상을 떠날 때까지도 반대 입장을 고수하였다.

베게너 이후

1930년 베게너가 사망한 후에도 논쟁은 계속되었으나 그 정도와 열기는 점점 식고 있었다. 지구를 구성하는 물질의 물리적인 성질에 대해 상온-상압 조건에서만 생각하는 데 집착하였던 지구물리학자들은 고체 덩어리인 지각의 움직임이란 일어날 수 없는 운동이라는 입장을 여전히 굳게 견지하고 있었다. 따라서 대륙이동 가설에 대한 시각은 베게너의 의지와는 전혀 다른 막다른 곳으로 가게 되었다. 시간이 흐름에 따라 점점 더 많은 과학자들이 이 이론에 회의를 느끼게 되었기 때문이다. 대륙이동을 설명할 만한 역학적 메커니즘을 찾지 못했던 것이다.

빙하의 분포 및 이동 등 베게너가 제시한 지질학적 증거는 옳았다. 그러나 베게너가 죽은 뒤에는 베게너를 그린란드 원정대원이나 원정대장으로서 또는 탁월한 기상학자로서 이룬 성과에 대해서는 높이 칭송하였지만, 그의 대륙이동설에 관한 한 칭찬이나 또는 다행히도 비난을 하는 등 언급 자체가 없었다. 그 이유는 아마도 베게너가 지구과학 분야를 연구하였지만, 기체의 움직임을 연구하는 기상학 쪽 전문가이므로 고체 지구와는 관련이 없는 아웃사이더로 치부해 버렸기 때문이 아닐까 한다. 그러나 완전하게 잊혀지는 진리란 없다.

1936년 영국의 지질학자인 홈스(Arthur Holmes, 1890~1965)가 대륙이 이동할 가능성이 있다는 메커니즘을 제시하였다. 바로 맨틀의 대류이다. 대륙 하부에 있는 암석 안에 존재하는 방사성 동위원소가 붕괴하며 발생하게 되는 열에 의해 상부에 놓인 대륙지각을 움직일 수도 있을 것이라는 제안이었다. 홈스의 제안은 대륙이동의 동력원을 제시했다는 점에서 높이 평가되고 있으며, 추후 해저 확장에 대한 개념을 정립하는 초석이 되었다. 그러나 당시의 세계 정세는 2차 세계대전 발발 전야였으므로 학계의 관심을 끌기에는 역부족이었다.

홈스는 1944년 발간된 『자연지질학의 원리(Principles of the physical geology)』에서 맨틀 대류에 의해 대륙이 우선 깨져서 분리된 다음, 서로 다른 방향으로 이동할 수 있을 것이라는 주장을 하였다. 즉, 대류가 대륙 바로 밑에서 발생하여 맨틀 상부에 이르러 대류가 양쪽으로 이동을 하면서 대륙을 갈라지게 한 다음, 갈라진 곳을 따라 관입한 마그마가 굳으면서 가라앉으면 새로운 해양이 만들어질 수 있다는 내용이었다. 양쪽으로 이동을 한 다음 대류에 의해 하강을 하게 되면 상부의 대륙은 횡 압력을 받아 두께가 증가하면서 거대한 산맥을 형성할 수 있다는 것이었다. 홈스는 이렇게 횡 방향으로 이동하는 맨틀 대류의 속도는 1년에 5cm 정도일 것으로 추정하였다.

홈스가 지질학에 기여한 다른 한 가지는 방사성 동위원소를 이용하여 광물의 연대를 측정한 것이다. 이것은 켈빈의 지구 냉각에 따른 지구 나이 계산(즉, 1억 년 이하)이나 퇴적작용에 따른 지층의 연대 추정(8만 년 정도 등)과 같은 방법의 오류를 지적한 획기적인 성과였다. 홈스는 시생대 암석으로부터 지질 연대를 측정하여 16억 년이라는 나이를 도출하였다. 이 숫자는 지구 나이에는 훨씬 못 미치지만 기존의 추산 값에 비하면 장족의 발전을 한 것이었다.

홈스와 비슷한 시기에 대륙이동설을 지지했던 학자가 또 있었는데, 바로 남아공의 두 토와(Alexander L. du Toit, 1878~1948)였다. 남아공에서 태어난 두 토와는 대학을 졸업한 다음 영국에서 광산공학과 지질학을 공부하였다. 1903년 남아공 지질조사국의 지질학자로 임명되면서 남아공의 지질 전반에 관한 방대한 자료를 얻게 되었는데, 그는 특히 빙하 퇴적물에 큰 관심을 가졌다. 1914년에는 호주에서 빙하 퇴적층을 찾아냈는데, 이미 빙하 퇴적층이 발견된 인도와 남미에 호주의 자료를 추가하면서 빙하 분포도를 완성하였다. 두 토와는 이와 같은 빙하 지질 분포는 팡게아로만 설명이 가능하다고 주장하였다(그림 4-5 참조). 한마디로 대륙이동설을 지지한 것이다. 이에 더하여 1923년 미국 카네기재단의 지원을 받아 남미를 방문한 두 토와는 화석과 화석을 함유하고 있는 퇴적암의 층서가 남아프리카와 서로 같다는 사실을 발견하고는 대륙이동설을 더욱 신봉하게 되었다.

두 토와의 연구 결과는 베게너가 고기후학과 고생물학을 연계하여 대륙이동설을 주장하는 데 큰 도움을 주었다. 1937년에 발간한『표류하는 대륙(Our Wandering Continents)』에서는 베게너의 아이디어를 지지하는 내용과 더불어 자신의 주장을 제시하는데, 팡게아는 적도를 사이에 두고 남북으로 테티스 해(Tethys sea)에 의해 분리되어 있었다는 것이었다. 즉, 남반구에는 곤드와나 대륙이, 북반구에는 로라시아 대륙이 있었다는 것이다. 대체로 대륙이동설에 동조하는 내용이었지만, 이 책 역시 시대 상황 때문에 지질학자들의 관심을 끌어내는 데는 성공하지 못했다.

다시 바다로, 그러나 해저로

르네상스 이전 항해의 시대는 해수면 위의 세계를 목표로 하였다. 그러나 시대가 흐르고 상황이 변하게 되면서 바다 밑 땅이 목표가 되었다. 19세기 후반부터 영국과 미국은 경쟁적으로 대서양 해저에 대한 조사와 탐사를 병행하였는데, 이는 해저 케이블을 깔기 위한 전초 작업이었다.

1872년 영국은 해양탐사선 챌린저(Challenger)호를 투입하여 대서양의 수심을 측정하기 시작하였다. 피아노 줄에 추를 달아 바다까지 내리는 방식을 사용하였는데, 많은 노력과 시간이 소요되었음에도 불구하고 성과는 매우 미미하였다. 3년간 측정한 지점이 겨우 300지점에 불과하였다. 미국 역시 해군 소속의 측량선인 투스카로라(Tuscarora)호를 이용하여 대서양과 태평양에서 같은 방식으로 수심을 측정하였다. 사람의 힘으로 하는 작업은 효율이 낮은 낙후된 방법이었지만 당시로서는 최선이었다.

비록 영국 챌린저호가 얻은 수심 측정 성과는 지지부진하였지만, 뜻밖의 획기적인 성과를 거두었다. 바로 대서양 중간쯤에 남북으로 길게 뻗은 산맥을 발견한 것이었다. 이 발견은 육교설을 주장한 학자들에게는 하나의 복음이나 마찬가지였다. 가라앉아 버린 대서양의 육교를 발견한 것이기 때문이다.

20세기 초반, 항해의 가장 큰 걸림돌은 유빙이었다. 유럽 각국에서 미국으로 가는 승객을 위해 거대한 여객선이 운항하였으나 빙하의 위험에 대처하는 장치나 시설은 물론 매뉴얼조차 없었다. 그러다가 1912년 타이타닉(R.M.S. Titanic)호의 침몰이 계기가 되어, 음파를 이용한 탐지 장치인 소나(SONAR)가 개발되었다. 소나는 물속에서 음파를 이용하여 목표물의 거리와 방위 등을 감지해 내는 기기이다. 피센던(Reginald Aubrey Fessenden, 1866~1932)이 소나를 개발하였는데, 원리는 음파가 해저에 부딪힌 다음 다시 돌아올 때까지 시간을 재서 거리를 가늠하는 방식이었다. 바로 음향측심기(echo sounder)이다. 캐나다 출신인 피센던은 소나뿐만 아니라 AM 라디오도 처음으로 만든 미국의 발명가이다.

1차 대전 발발 후, 각종 무기의 발달과 함께 등장한 전쟁 수행 장비 중 대표적인 것이 잠수함이었다. 잠수함의 등장은 잠수함을 탐지하기 위한 기술 개발과 장비 개발로 이어졌는데, 바로 피센던의 음향측심기인 소나를 잠수함 추적 목적으로 응용하였다. 음향탐지기가 출현한 것이다. 1922년에는 미국의 해양탐사선 스튜어트(Stewart)호가 개량된 음향측심기를 이용하여 9일 동안 900지점을 측정하였다. 탐사선을 이용한 해양 조사와 병행하여 수면 아래에서는 잠수함을 이용한 해저 탐사도 시작되었다. 네덜란드에서 토목공학과 중력학을 전공한 베닝-마이네즈(Felix Andries Venning-Meinesz, 1887~1966)는 1923년 자신이 개발한 중력계를 잠수함에 장착한 다음 해저 중력을 측정하는 데 성공하였다. 이후 1926년부터는 대서양을 횡단하여 파나마 운하를 통과한 다음 서태평양에 이르는 해양저에서 중력을 측정하였다. 이 중력 탐사에서 가장 중요한 발견은 심해의 해구에서 측정한 중력 값이 예상한 값보다 작다는 것이었다. 이러한 이상치는 수렴경계를 특징짓는 전형적인 현상이었음이 나중에 밝혀지게 된다.

이와 같은 해양 연구의 성과에 자극을 받은 미국은 1930년 우즈홀 해양연구소(Woods Hole Oceanographic Institute, WHOI)를 매사추세츠 주에 설립한 다음, 1932년 베닝-마이네즈와 공동으로 해구에 대한 연구를 시작하였다. 이때 프린스턴 대학의 대학원생이었던 헤스(H. Hess)가 참여하여 중력에 대한 이론은 물론 탐사에 대한 실무를 배우게 된다. 이때의 경험은 나중에 헤스가 해저 확장에 대한 이론을 정립하는 데 밑거름이 되었다.

다양한 해저 지형

1960년대에는 모든 해양의 밑바닥에 대한 지질 및 지형 조사가 마무리되어 해저 지형도가 완성된다. 육지의 지형보다 단순할 것으로 예상되었던 해양저는 예상을 뒤엎고 매우 복잡한 모습을 드러냈다.

대양을 가로지르는 거대하고 장구한 산맥과 깊고 깊은 심연의 해구, 난데없이 튀어 올라와 우뚝 선 해산 등 이러한 해양저는 새로운 연구 대상으로 등장하게 되었다.

고지자기학 : 20세기 초, 지구 자기장에 관심을 갖고 있었던 지구물리학자는 자기장의 원인이 지구의 자전이라는 주장을 하였다. 이런 주장의 근거는 나침판의 바늘이 위도에 따라 만드는 각도가 다르다는 것이었다. 즉 지구 자전축 부근에서는 거의 수직이고 적도 쪽으로 내려올수록 점점 낮아지다가 적도 인근에서는 수평을 이루는 것을 관찰하고 내린 결론이었다. 우리는 이러한 각도가 복각임을 지금은 알고 있지만 그때는 아니었다.

1926년, 자기장에 관심을 갖고 있던 스위스의 빙하 연구가인 메르칸톤(Paul L. Mercanton, 1876~1963)이 암석의 고지자기를 분석하면 그 암석이 생성될 당시의 위도를 알 수 있을 것이라는 제안을 하였으나 관심을 끄는 데는 실패하였다. 이후, 지구자기에 관심이 쏠리는 계기가 등장하는데 바로 전쟁이었다.

2차 대전 중, 독일이 자기 기뢰를 만들어 영국을 공격하면서 자기장에 대한 연구가 영국에서 시작되었다. 이렇게 시작된 자기학 연구의 일환으로 영국의 물리학자 블래킷(Patrick M.S. Blackett, 1897~1974)은 지구 자기에 대해 연구를 하면서 매우 정밀한 자기측정장치(magneto-meter)를 개발하였다. 이 기기를 이용하면 암석 안에 있는 자성 광물로부터 고지자기를 측정할 수 있어, 암석이 생성될 당시의 위도와 자북의 위치를 추적할 수 있다.

전쟁이 끝난 후, 런던 임페리얼 대학(Imperial College London)으로 돌아온 브래킷은 영국의 여러 지방에서 암석을 채취하여 고지자기를 측정하였다. 측정 결과 복각이 낮다는 데이터에 대해 브래킷은 영국이 아마도 옛날에는 적도 부근에 있었을 것이라는 해석을 하였다. 브래킷은 1948년 우주선에 대한 연구 업적으로 노벨물리학상을 수상하기도 했다.

이와는 별도로 케임브리지 대학의 연구팀은 지구의 자극이 이동할 수 있다는 아이디어를 냈는데, 이는 1879년 발표된 조지 다윈(George H. Darwin, 1845~1912)의 논문으로부터 영향을 받은 듯하다. 이 논문의 내용은 지구 내부가 녹아 있으면 지구 자전축이 바뀔 수 있다는 것으로, 마치 켈빈의 영향력이 여전히 이때까지 살아 있는 것 같은 느낌을 주었다. 왜냐하면 천문학자인 조지 다윈은 찰스 다윈(C. Darwin)의 다섯째 아들이며, 켈빈의 제자였기 때문이다.

화성암이나 퇴적암의 생성 시기와 장소는 고지자기학을 연구하여 밝힐 수 있다. 이로부터 알아낸 중요한 사실은 자극성이다. 이로부터 암석이 생성될 당시의 자기장 방향을 알 수 있다. 즉 지금의 자기 방향과 같은 정상인가, 아니면 역전인가를 밝힐 수 있는 것이다. 다음은 복각이다. 복각은 암석이 생성될 당시의 북극과 적도를 가늠케 해준다. 이로부터 암석이 기억하고 있는 고지자기의 위도와 자극의 방향을 도출해 내면 암석이 생성될 당시의 자극 위치를 결정할 수 있다.

극이동 : 케임브리지 대학의 물리학자인 렁컨(Stanley K. Runcorn, 1922~1995)은 영국뿐만 아니라 유럽 각국의 암석에 대한 고지자기를

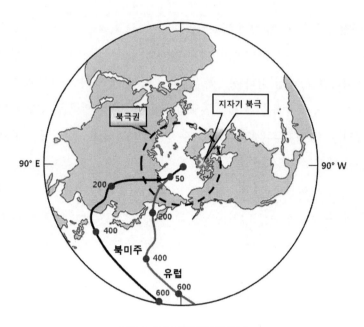

그림 4-6 지자기 북극의 궤적
지난 6억 년 동안 지자기 북극의 궤적이 나타나 있다. 그림의 숫자는 현재부터
과거 지질시간(단위, 백만 년)을 나타낸다. 북미주와 유럽에서 측정한 궤적이
서로 다름을 알 수 있다. 궤적이 이렇게 크게 차이가 나는 것은 지자기 북극이
이동하였다기보다는 대륙이 이동한 것으로 보는 것이 이성적이다.

연구한 다음, 1955년 고지자기 자료가 지구의 극이동을 지시하고 있
다는 논문을 발표하였다. 이후 해저가 확장되었다는 헤스의 주장을
접하게 된 렁컨은 이에 대한 증거를 얻기 위해 유럽뿐만 아니라 미국
에서 채취한 암석의 고지자기와 연대를 측정하였다. 북미주에서 측정
한 극이동이 유럽의 극이동과 다르다는 것을 인지하게 된 렁컨은
고지자기 자극의 움직임을 플롯하여 극이동 곡선(apparent polar wandering
curve)이라 불렀다(그림 4-6). 실제로 극이 이동한 것이 아니라 겉보기에

극이 이동한 것처럼 보인다는 것이었다.

자북(또는 자남)과 진북(또는 진남)의 방향은 지질 시대를 통해 서로 멀리 떨어지지 않고 항상 근처에 머물러 있어야만 하는데, 그 이유는 오늘날 진북과 자북이 그렇게 위치하고 있다는 사실이 가장 확실한 증거이기 때문이다. 그래서 렁컨이 내린 결론은 자극이 움직이지 않았다면 아마 대륙과 대륙 내의 자화된 암석이 대신 움직이지 않았을까 하는 것이었다. 결과적으로 대륙이동설은 다시 관심을 끌게 되었으나, 어떻게 움직였는가 하는 이동 메커니즘에 대한 설명은 여전히 미진한 상태였다.

지자기 역전 : 암석 속에 기록되어 있는 고지자기는 화석이다. 과거 환경의 지시자인 셈이다. 화성암에서 자성 광물의 자화 방향을 처음으로 측정한 지구물리학자는 고지자기학을 전공한 일본 교토대학의 교수 마쓰야마(Motonori Matuyama, 1884~1958)였다. 1920년대 일본과 한국 및 만주 지방에서 중력 탐사를 했던 마쓰야마는 1926년부터는 여러 지역에서 현무암 시료를 수집하여 잔류 자기를 측정하였다.

마쓰야마는 최근 분출한 현무암에 들어 있는 자성 광물의 자화 방향은 현재 방향과 같은데, 제4기 플라이스토세(Pleistocene)에 분출한 현무암의 자성 광물은 현재의 자기 방향과 반대로 자화가 되어 배열하고 있다는 연구 결과를 1929년에 발표하였다. 그는 지구의 자기장이 남북 방향을 바꾸었기 때문에 이런 현상이 발생했다고 설명하였다. 즉 지구 자기의 역전이다. 마쓰야마의 지자기 역전 연구는 헤스가 해저확장설을 확정하는 데 결정적인 역할을 했다. 이러한 연구 성과를 기리기 위해 '마쓰야마 역자극기(Matuyama reversed chron, 258만 년 전부터 78만 년 전까지)'라 명명된 지자기 역전 기록이 있다. 지구가 오늘날과 같은 자기장의 방향을 갖게 된 것은 지금으로부터 약 70만 년 전이다.

얼룩말 무늬 : 1950년대에는 다양한 해양 탐사 연구가 시행되었는데, 그중 하나가 해저 암석의 자기장에 관한 것이다. 2차 세계대전 중 비행기에서 잠수함을 탐지하기 위해 개발된 자력계가 전쟁 후에는 탐지 목표가 해양저 암석으로 바뀐 것이다. 일정 지역의 해저를 가로지르며 자력을 측정했는데, 육지에서 탐사할 때와는 다른 패턴의 이상치가 감지되었던 것이다. 즉 육지에서는 자기장의 분포 패턴이 거의 대부분 불규칙한 데 반해, 해저에서는 일정한 규칙성을 띠었다는 것이다. 이는 예상하지 못했던 결과로, 보다 넓은 지역에서 탐사를 시행하여 확인할 필요성을 느끼게 하였다. 판이 커진 것이다.

이를 목표로 하여 해저 암석의 자기장에 대한 탐사가 좀 더 촘촘하고 자세히, 그리고 체계적으로 처음 시행된 곳이 북미주 서쪽의 태평양 연안이었다. 영국의 해양학자 메이슨(Ronald G. Mason, 1916~2009)이 이곳에서 해양지각에 기록된 자기장의 세기를 측정하였다. 몇 년에 걸친 탐사 결과 얻은 데이터에서 특징적인 것은 지구 자기장의 세기가 지구 평균치보다 크거나 또는 작은 자기 이상이 규칙적으로 감지된다는 것이었다. 이러한 현상을 조사 지역 전반에 걸쳐 표시하였을 때 나타난 패턴은 얼룩말 무늬를 닮은 띠 모양이었다. 메이슨은 나중에 대서양의 중앙해령에서도 이와 같은 패턴을 발견하게 된다. 그렇다면 이 무늬가 시사하는 것은 무엇이었을까?

해저확장설

헤스의 가설 : 대륙이동에 관한 초기의 논쟁은 물론, 극이동 데이터에 관한 논쟁 역시 대륙지각에서 발견된 증거에만 초점이 맞추어져 있었다. 그러나 이러한 논쟁을 해결할 열쇠가 바다로부터 던져지는데, 1962년 프린스턴 대학의 지질학과 교수인 헤스(Harry H. Hess, 1906~1969)에 의해서였다. 이미 기술한 대로 헤스는 프린스턴 대학의 대학원생이던 1932년 베닝-마이네즈가 주관하여 시행한 동태평양 해구 연구 프로젝트에 참여하여 중력 탐사에 대한 훈련을 받았다. 이때 습득한 지식이 여기서 이야기하는 가설을 세우는 데 밑거름이 되었음을 부정할 수는 없다.

프린스턴 대학 교수로 부임하기 전, 워싱턴 D.C.에 소재한 카네기 연구소 지구물리학실험실(Geophysical Laboratory)의 연구원이었던 헤스는 2차 세계대전에 참전했던 예비역 해군 소장이다. 헤스는 1932년 미국 해군 잠수함에 탑재된 중력계를 이용하여 카리브해 서인도 제도의 일정 구간에 대한 해저 중력 측정 프로젝트에 참여한 이래 2차 대전 중에는 수송선의 함장이 되어 해군작전을 지원하는 임무를 수행하였는데, 이 수송선에는 당시 최신의 측심 장치인 소나가 설치되어 있었다. 헤스는 소나를 이용하여 태평양 해저 지형에 대한 매우 정밀한 프로파일을 얻게 된다. 헤스가 전쟁 중에 의도치 않게 얻은 해양저에 대한 데이터와 지식이 추후 해저 지형에 대한 연구를 하는 데 큰 도움이 되었음은 물론이다. 헤스는 해저 지형 중에 봉우리 끝이 평탄해진 해저 화산을 최초로 발견하고는 이름을 '귀요(guyot)'라고 지었다. 귀요(Arnold H. Guyot, 1807~1884)는 애거시(Jean L. R. Agassiz,

1808~1873)와 함께 빙하에 대한 공동연구를 수행한 프린스턴 대학의 지질학과 교수였다.

1960년 헤스가 제안한 가설은 해양지각이 해양저 산맥을 중심으로 반대 방향으로 이동했다면, 이러한 동력 작용이 해저 지형을 설명할 수도 있지 않을까 하는 것이었다. 이러한 동력 작용이 바로 맨틀 대류이다. 헤스가 이와 같은 제안을 하게 된 데는 대서양 가운데에 거대한 해저 산맥이 하나 형성되어 있는데 산맥의 열곡이 장력에 의해 생성된 것이라는 논문이 기폭제가 되었다. 이 가설은 1962년 논문으로 발표되며, 나중에 '해저확장설(Theory of the seafloor spreading)'로 불리게 되는데 '판구조론'이 정립되는 데 결정적인 개념을 제공하였다. 헤스는 이 논문에서 지구 내부에서 발생한 맨틀 대류가 상승하면

그림 4-7 판구조 운동에 대해 설명하고 있는 헤스
헤스가 맨틀 물질이 대류에 의해 상승하여 해양저 산맥에서 발산하면서 대륙지각을 이동시키는 것을 새끼손가락으로 가리키고 있다.

서 용암을 열곡으로 밀어 올려 주었기 때문에 중앙해령이 생성된 것이라고 설명하였다(그림 4-7). 즉 마그마가 지구 내부로부터 올라올 때, 중앙해령을 따라 새로운 해양지각을 생성한 다음 양쪽으로 이동하여 대륙의 가장자리에 다다르면 해구를 통해 지구 내부로 회귀한다는 것이다. 이렇게 생성된 해양지각의 나이는 2억 년을 넘지 않을 것이라는 언급도 하였다. 그때까지 밝혀진 최고령의 해양지각은 1억 5천만 년 전에 생성된 것이었다.

검증, 검증 또 검증 : 이러한 제안 및 주장은 검증을 해야 한다. 이 중 첫 번째가 지구물리학자인 윌슨(John T. Wilson, 1908~1993)이 제기한 방법이었다. 캐나다 토론토 대학을 졸업한 윌슨은 미국 프린스턴 대학에서 지질학 박사과정을 밟게 되는데, 헤스가 지도교수였다.

윌슨은 2차 세계대전 중 캐나다 육군에서 복무하였으며, 대령으로 예편하였다. 지도교수의 영향을 받은 듯하다. 1960년 하와이를 방문해 지형학 및 지질학적 관점에서 열도의 제반사항을 검토한 윌슨은 오랫동안 활동한 화산섬은 하나의 선상에 있어야 한다며 다음과 같은 주장을 하였다. 즉 활동 중인 화산은 고정되어 있고(이것이 플룸(plume)이다), 해양지각이 움직인다면 이동해 버린 섬에서는 화산 활동이 더 이상 일어나지 않는다는 것이다. 따라서 하와이 열도는 하와이섬(Big Island)으로부터 멀수록 연대가 오래되었으며 풍화작용을 많이 받아 형성된 지형이다. 윌슨은 현재 화산 활동이 일어나는 곳을 '열점(hot spot)'이라 하였다.

윌슨은 캐나다 동부 뉴펀들랜드 섬에서 발견한 단층이 남쪽으로는 보스턴까지, 팡게아 지도에서는 스코틀랜드까지 이어진다는 것을 인식하게 되면서 대륙이동에 심취하게 되었다. 윌슨은 변환단층(transform fault)에 대해서도 처음으로 언급하였다. 일반 지질단층과는 다른 새로운 개념의 단층이었다. 변환단층에 대한 개념과 용어가 1965년에 발표되면서, 판구조 경계 3요소 중 하나로 정립되었다(5장 참조). 미국 서부의 산 안드레아스(San Andreas) 단층이 육지에 위치하는 변환단층이다. 이에 더하여 윌슨은 지질시대 동안 판구조 운동의 반복에 관한 '윌슨 사이클(Wilson cycle)'을 제안하였는데, 한 사이클을 7억 년 정도로 보고 있다.

두 번째 검증은 세 명의 지구물리학자에 의해 확실하게 이루어 졌다. 바인(Frederick J. Vine, 1939~), 매튜(Drummond H. Mattews, 1931~1997), 몰리(Lawrence W. Morley, 1920~2013)가 그들이다. 바인은 영국 케임브리지의 세인트 킹 대학에서 1965년 박사학위를 취득하였다. 당시 매튜는 바인의 지도교수였다. 바인과 매튜는 대서양 중앙해령에서 생성되고 있는 현무암에는 현재의 자기장에 따라 극성이 기록되어 저장되어 있다는 것을 밝혀냄으로써 헤스가 제기한 컨베이어 벨트가 바로 자기테이프 기록기임을 증명하였다. 이에 더하여 스승과 제자는 함께 지자기 역전 현상을 밝혀내기도 하였다. 몰리는 캐나다 지질조사소의 연구원이었는데, 바인·매튜와는 별개로 해양지각에 대한 지자기 특성에 관한 연구를 독립적으로 시행하여 해양지각의 이동 메커니즘을 정립하였다. 이들 3명의 과학자가 제안한 것은 '해양지각의 열잔류자기(thermoremnent magnetism)'이다.

용암이 해양저 산맥에서 분출하면 자화가 되는데, 자화되는 방향은 퀴리점(Curie point)을 통과할 때 냉각되는 당시의 자기 방향을 따르게 된다. 퀴리점은 자성을 갖고 있는 광물이 일정한 온도 이상이 되면 자성을 잃어버리는 온도를 말한다. 이 현상은 1895년 프랑스의 물리학자인 피에르 퀴리(Pierre Curie, 1859~1906)가 냉각되어 가는 용암에 대한 자성 연구를 하여 밝혀낸 것이다. 해양저 산맥 하부 마그마 방에서 상승하는 용암은 계속해서 새로운 해양지각을 만들게 되고, 이후 양쪽으로 이동하게 된다. 따라서 해양지각은 확장축을 중심으로 연속적으로 대칭을 이루며 생성 당시의 자극에 관한 기록을 보존하게 된다. 이러한 증거는 잠수함을 추적하는 연구에 의해 곧바로 증명되었다. 이후 해양저에 대한 보다 세밀한 자기 탐사는 선박이나 항공기를 이용하여 확인하였는데, 중앙해령을 중심으로 대칭인 자기 역전 띠가 존재하는 것을 다시 확인하게 되었다.

대류와 판 : 맥켄지(Dan P. McKenzie, 1942~)는 판구조론의 원리를 정의한 논문을 처음으로 발표한 영국의 지구물리학자이다. 그는 맨틀 대류에 대해 언급함으로써 지구 내부 구조에 대한 새로운 화두를 던졌다. 케임브리지 대학 교수였던 맥켄지는 대학원 시절 열역학에 관련된 연구 주제에 대한 공부를 하던 중, 지구 내부의 대류에 관심을 갖게 되었다.

1967년 말, 맥켄지가 발표한 논문은 지구 자기 이상과 지진 발생을 접목시켜 판구조론에 대한 수학적 이론을 정립한 내용이었다. 이 논문에서 판(plate)이란 용어를 처음으로 사용하게 된다. 맥켄지는 1968년 프린스턴 대학에서 모건(William J. Morgan, 1935~)을 만나 판구조론과 해양지각의 열적 구조, 그리고 지진 발생 메커니즘에 대한 해법을 같은 방법으로 접근하고 있음을 공감하게 된다. 모건은 1960년대 말경, 해양지각의 자기 이상과 해저 확장 및 판구조론에 관심을 갖게 되었으며, 윌슨의 플룸 이론을 더욱 발전시키면서 열점의 개념을 정립한 미국의 지구물리학자이다.

판구조론

대륙이동설은 베게너의 죽음과 함께 학계의 관심에서 멀어져 갔지만, 사라진 것은 결코 아니었다. 1950년대가 되면서 고지자기학이란 학문의 수혈을 받아 회생을 하기 때문이다. 이 시기에 이르러서는 해양 탐사 기술이 획기적으로 발달하면서 해양저에 대한 사실이 자세히 밝혀지게 되는데, 해양지각과 대륙지각을 구성하는 암석이 매우 다르다는 것도 중요한 성과 중 하나였다.

이와 같은 암상의 차이는 판구조 운동에 의해 파생된 하나의 현상이 지구 표면에 표출된 것에 불과한 것이다. 판구조론에 따르면 지구의 암권은 크고 작은 판으로 나뉘어져 있으며 각각의 판은 상부에 해양지각이나 대륙지각을 포획하면서 독립적인 권역을 이루고 있다 (그림 4-8). 판이 서로 반대 방향으로 움직이면 새로운 해양판이 판의 경계 부위에 생성되고, 같은 방향으로 움직이면 해양판은 맨틀로 섭입하거나 충돌하면서 소멸된다. 대륙판은 해양판에 비해 두껍지만 밀도가 낮기 때문에 지구 내부로 회귀하지 않고 지구 표면에 남게 된다. 이에 비해 해양판은 생성과 소멸을 거듭한다. 대륙이 이동한다는 것은 판 위에 놓여 있는 대륙이, 판이 움직이면 따라 움직인 것에 다름 아니었다.

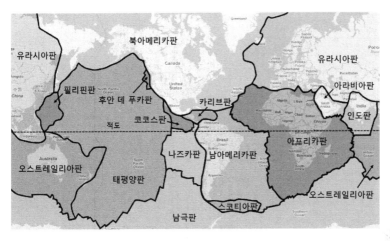

그림 4-8 지구의 판

지구 표면을 가르며 큰 판과 작은 판이 나뉘어 있다. 해양으로만 덮여 있는 판(태평양판, 필리핀판, 나즈카판 등)이 있는 반면, 해양과 대륙으로 된 판(아프리카판, 남·북아메리카판, 남극판 등)이 이웃하고 있다. 밑그림이 된 5대양 6대주의 세계지도와는 전혀 양상이 다르다. 지각과 판은 근본이 서로 다르기 때문이다.

판의 경계부에서는 지진 발생, 화산 활동 및 지각 평형의 불균형 등 많은 지체구조 운동이 발생하고 있다. 판구조 운동은 지구 표면에서 진행되고 있지만, 지구 심부의 물리·화학적 작용이 표면으로 표출된 것에 불과하다. 발산경계에서는 새로운 물질이 내부로부터 공급되고 있으며, 수렴경계에서는 반대로 지표상의 물질이 내부로 소진되고 있다. 이러한 과정은 지구 내부에서 진행되고 있는 제반작용이 힘을 제공해 주었기 때문에 나타난 현상에 다름 아니다.

그렇다면 지구 표면의 판을 수동적으로 움직이게 하는 능동적인 힘의 원천은 바로 지구 내부에 있는데, 도대체 그 힘이란 무엇이란 말인가? 베게너는 이러한 문제를 해결하라고 지금부터 100년도 넘는

20세기 초에 대륙이동설을 주장했는지도 모를 일이다. 지구과학계에 엄청난 화두를 던진 것이다. 어마어마한 과제를 던져두고 지금은 우리의 성과를 여전히 기다리고 있을지도 모른다.

판구조론에 의해 태동된 지구과학의 혁명은 1960년대 말부터 시작되었다. 판구조론의 등장을 혁명이라 부르는 것은, 기존의 지질학의 연구 결과를 다시 되돌아봐야 하는 동기를 부여했기 때문이다.

'과학이란 분야'에서 판구조론은 매우 성공적인 개념이다. 왜냐하면 기존에 복잡한 것으로 여겨지던 고체 지구와 관련된 많은 현상에 대해 매우 간결한 해석을 내릴 수 있게 해주었기 때문이다. 이 이론은 해양분지의 생성 등 지질학계에서 오랫동안 해결되고 있지 않던 문제에 대해 매우 만족할 만한 답을 제공해 주며, 또한 전혀 관계가 없을 것 같은 현상인 해양저 산맥과 대륙 안에 발달되어 있는 지구대가 매우 밀접하게 연계되어 있음을 알려주고 있다.

판구조론의 등장은 지구인의 시각을 지구 표면이라는 2차원에서 지구 내부라는 입체적인 3차원으로 넓히는 결정적인 전환점이 되었다. 우리의 시각을 고개를 들어 위쪽, 즉 우주만 볼 것이 아니라 고개를 아래로도 내려 지구 내부를 바라보게 하는 동기를 유발하게 한 게 판구조론이었다. 지구 내부의 환경과 구조, 그리고 제반 작용, 구성 광물과 화학 성분, 광물의 결정 구조와 상변이 계통 등 지질학의 새로운 영역을 확장시키기 위해 베게너는 대륙이동설을 주장하고, 헤스는 해저확장설을 확립하여 판구조론을 정립시킨 것은 아닐까?

05

판
구조론

판구조론

      대륙이동설과 해저확장 이론을 한데로 묶는 결정적 증거가 된 것은 해양지각이 움직인다는 사실이었다. 지구물리학적 증거와 더불어 지질학적 증거 역시 두 이론을 통합시키는 데 충분하였다. 판구조론을 가설에서 이론으로 정립시킬 수 있었던 결정적인 증거는 다음과 같다. 첫째, 암권 하부에 약권이 위치하고 있는데 약권은 점성이 낮기 때문에 액체 같은 거동을 할 수 있다. 둘째, 암권은 강성이 높기 때문에 판과 같이 약권을 뚫고 맨틀 속으로 내려갈 수 있다. 셋째는 해양저 산맥에서는 해양지각이 새롭게 생성되고 있으며, 상대적으로 오래된 해양지각은 해구에서 소멸한다.

  영국 케임브리지 대학의 맥켄지는 1967년 발표한 논문에서 판(plate)이라는 용어를 처음으로 사용하였다(4장 참조). 뒤이어 미국 프린스턴 대학의 모건 역시 지구의 표면은 12개의 땅덩어리(block)로 되어 있다는 논문을 발표한다. 여기서 사용된 '판'과 '땅덩어리'는 같은 대상을 가리키는 동일한 용어였다. 1969년 두 과학자는 공동논문에서 '판구조론(plate tectonics)'이란 용어를 공식적으로 공표하였다. 판구조론의 개념을 가장 적절하게 표현해 줄 수 있는 지역은 일본열도와 동해 그리고 아시아 대륙(한반도 등)을 가로지르는 지역이이다(그림 5-1, 왼쪽 단면). 이에 더하여 태평양판이 필리핀판과 이루는 경계 역시 판구조론의 개념을 잘 나타내 준다(그림 5-1 오른쪽 단면).

  판구조 운동은 대륙지각과 관련된 것이 많지 않다. 베게너가 주장한 대로 대륙이 움직이기는 하지만, 독자적으로 이동하는 것이 아니

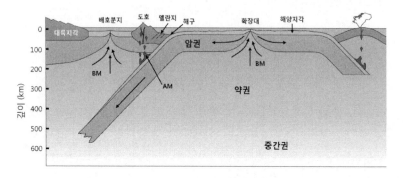

그림 5-1 판구조의 개념 모식도

확장대 아래에서 현무암질 마그마(basaltic magma, BM)가 상승하고 있으며, 해양판이 대륙판 아래로 섭입하고 있다(왼쪽). 두 판의 경계가 해구이다. 암권은 온도가 낮고 강성이 높으며, 약권은 온도가 높고 유연하다. 약권 하부에는 중간권이 있다. 해구의 대륙 쪽에는 멜란지가 생성된다. 도호에는 섭입하는 판의 상부 물질이 약권을 구성하고 있는 물질과 습윤한 상태에서 부분 용융하여 안산암질 마그마(andesitic magma, AM)를 생성한다. 도호의 뒤에는 BM이 상승하면서 암권을 분리시켜 분지가 생성되며 새로운 바다가 열리게 되는데, 이를 배호분지라 한다. 모식도 왼쪽에 나타나 있는 전형적인 예가 태평양과 일본열도, 동해 및 한반도를 가로지르는 지역이다. 배호분지에는 화산 활동에 의해 울릉도와 독도와 같은 화산섬이 생성된다. 모식도 오른쪽에는 해양판이 다른 해양판의 밑으로 섭입하는 것을 나타낸 것으로 태평양판과 필리핀판의 경계로 보면 된다. 필리핀에는 활화산인 피나투보 등에 의한 화산 활동이 많으며 지진 역시 빈번하게 발생하고 있다.

라 암권의 일부로 암권이 움직이는 대로 따라 움직이고 있다. 따라서 대륙지각은 단지 판 위에 얹혀서 수동적으로 옮겨지는 일종의 짐이다. 그러나 이 짐은 이동되는 동안 인장되고 압축되며 분열되고 변형되는 혹독한 대가를 치른다. 이러한 대가의 흔적은 해양지각에서는 관찰할 수 없는 시기에 발생했던 지질학적 사건에 대한 기록이다. 따라서 지구 역사를 밝히는 결정적인 증거를 제공해 주는 대륙지각의 중요성은 매우 높다. 해양지각이 할 수 없는 귀한 정보이다. 약권의 움직임에 따라 이동하는 지구 표면의 판은 면적이 넓은 것과 작은 것이 서로 뒤섞여 있다. 판의 크기에 따라 판 경계의 길이가 차이 나며, 이동하는 양상도 달라진다. 판은 발산경계, 수렴경계 그리고 변환단층경계로 구분된다.

발산경계

발산경계(divergent margin)는 새로운 지각이 만들어지는 곳이다. 확장대라고도 한다(그림 5-1). 확장대는 해령, 확장축, 확장중심, 해양저 산맥 등 여러 명칭으로 불리고 있으나, 각각의 목적에 따라 구분한 것에 불과하다.

해양판 vs 해양판

두 개의 해양판이 맞닿아 있지만 판의 이동 방향이 반대인 경계이다. 따라서 판이 양쪽 반대 방향으로 이동함에 따라 확장하는 중심 부위에는 현무암질 용암이 분출하며 새로운 해양지각이 만들어지고 있다. 장력에 의해 힘이 반대로 작용하는 확장대(spreading ridge)에는 정단층이 만들어진다. 일련의 정단층이 도열을 하는데, 이를 열곡(rift valley)이라 한다. 단층작용으로 인해 천발지진이 발생하는데 규모는 작고, 횟수도 많지 않다. 확장대 아래에는 마그마 방이 있어 화산 활동이 활발하며 열류량 역시 매우 높다. 두 개의 해양판이 경계를 이루는 대표적인 경계가 대서양의 중앙해령이며 심해저 평원에 비해 높이가 약 2~3㎞ 솟아 있다. 이러한 확장대가 해수면 위로 솟아 올라와 있는 유일한 곳이 바로 북대서양에 위치한 아이슬란드이다. 아이슬란드 동쪽은 유라시아판이며, 서쪽은 북아메리카판이다. 대서양의 중앙해령 이외에 동태평양 해양저 산맥도 대표적인 발산경계이다.

해양저 산맥으로부터 만들어진 해양지각에는 생성 당시의 지자기 방향이 기록되어 있는데, 이 고지자기 자극 방향은 해양지각의 진화와 해저 확장 속도를 밝힐 수 있는 열쇠 역할을 하고 있다. 해양지각의 연대 측정을 하면 판의 이동 속도를 계산할 수 있다.

일반적으로 판의 이동 속도는 우선 아프리카판이 고정되어 있다고 가정을 한 다음 대서양 양안에 있는 북-남미 판의 이동 속도를 계산하는데, 이를 상대 속도라 한다. 모든 판의 상대 속도를 구해 보면 판과 판 사이의 속도에는 차이가 있다는 것을 알 수 있다. 이동 속도가 차이가 나는 것은 판의 경계 안에 위치하는 대륙지각의 유무와 관련이 있을 수 있다. 왜냐하면 대륙지각이 없는 판은 상대적으로 높은 속도를 보이고 있기 때문이다. 필리핀판, 코코스판, 태평양판, 나즈카판과 인도판은 속도가 높다. 이에 반해 아프리카판, 북-남미판, 유라시아판 및 남극판 등 대륙지각을 이고 있는 판의 상대 속도는 낮다. 이뿐만 아니라 판의 섭입대 길이가 판의 이동 속도에 더 큰 영향을 미치는 것으로 밝혀졌다(이에 대한 설명은 '암권의 이동'에 기술되어 있다).

해저 지형 : 해저 지형은 판의 성장과 거동에 따라 형태가 달라진다. 특히 확장축에서 두 개의 특이한 지형이 관찰되는데, 하나는 해양저 산맥이다. 확장축은 1년에 9~20cm의 속도로 확장을 하며, 새로운

해양지각이 생성되고 있다. 해양저 산맥 밑에는 규모가 매우 큰 마그마 방이 존재하며, 마그마가 빠른 속도로 상승한다. 이러한 예로, 동태평양판의 해양저 산맥은 열적 활성도가 매우 높아 주변 지역이 팽창되어 있기 때문에 확장축의 고도가 매우 높다. 두 번째 특이한 지형은 해양저 모양 자체이다. 많은 양의 열이 지구 내부로부터 확장대의 중심부를 따라 방출되고 있다. 그 결과 중앙해령뿐만 아니라 주변의 온도도 높은데, 이는 해양저 하부의 암권이 열로 인해 팽창되기 때문이다. 그러나 암권은 중앙해령으로부터 멀어지게 되면 서서히 냉각되며 수축하면서 수심이 증가하게 된다. 1억 년 정도의 시간이 지나 해양판이 열적 평형 상태에 다다르게 되면 바다의 깊이는 일정하게 된다.

대륙판 vs 대륙판

대륙지각에서 열극 작용에 의해 새로운 바다가 만들어지는 곳이 있는데, 바로 홍해(Red Sea)이다. 홍해는 약 300만 년 전부터 만들어지기 시작한 매우 젊은 바다이다. 홍해의 초창기 열극 작용은 오늘날 아프리카 열곡대(African rift valley)와 유사했을 것으로 추정된다. 300만 년 전 당시 홍해 하부에서 발생한 장력에 의해 대륙지각에 열곡이 형성되면서 고도가 낮은 지형이 만들어졌다. 열곡의 하부로 바닷물이 들어오기 전까지는 육성 기원의 쇄설성 퇴적물이 열곡 인근의 높은 곳으로부터 운반되었다. 이러한 퇴적물과 더불어 열곡 중앙부는 현무암질 용암과 맥암, 암상 등이 정단층 위에 생성되었다. 열곡이 넓어지면서 지금의 아덴만(Gulf of Aden)을 통해 바닷물이 들어오는데, 초기에는 바다라기보다는 호수 정도의 규모였을 것이다. 시간이 지남에 따라 점점 해수 유입량이 많아지면서 해성 기원의 퇴적물이 쌓이게 되었다. 홍해는 궁극적으로 열곡의 확장이 계속되어 초기의 대서양과 같은 규모로 발전될 것으로 예상된다.

아덴만과 홍해, 그리고 동아프리카 열곡대의 북쪽 끝이 서로 120°의 각도로 만나고 있다. 이 구조가 세 개의 확장 끝(spreading edge)에 의해 만들어진 3지점(triple junction)이다. 확장 끝의 두 곳, 즉 아덴만과 홍해는 매우 활동적이며 여전히 확장을 계속하고 있다. 동아프리카 열곡대는 에티오피아로부터 남쪽으로 케냐와 탄자니아를 가로지르고 있다. 그러나 아프리카 열곡대는 확장을 멈춘 것 같으며, 아마도 해양으로 발전되지는 않을 것으로 현재로서는 예측되고 있다. 이와 같이 3지점 중 두 곳은 진화를 계속하고 나머지 한 곳이 그대로 남아 있는 것은 새로운 확장 끝에서 야기될 수 있는 대륙지각 열극 작용의 특징이라 할 수 있다.

수렴경계

지구 표면의 면적은 일정하다. 발산경계에서 생겨난 해양지각만큼 수렴경계에서는 없애주어야 지구표면을 일정하게 유지할 수 있다. 수렴경계(convergent boundary)는 두개의 판이 서로 접근하거나 궁극적으로는 충돌하는 곳이며 충돌경계로 불린다. 바다에서는 해구, 육지에서는 조산대가 수렴경계에 해당한다.

해양판 vs 해양판

해양판인 태평양판과 또 다른 해양판인 필리핀판의 경계에 마리아나 (Mariana) 해구가 발달되어 있는데 지구상에서 가장 깊은 곳이다(그림 5-1 참조). 태평양판이 인도-호주판으로 섭입하고 있는 경계에 통가 (Tonga) 해구가 있다. 이러한 해구의 인근에는 화산이 열을 지어 분포 하며 호상열도(island arc)를 이루고 있다. 서태평양에 분포하는 알류샨 열도, 일본 열도, 필리핀 열도와 인도양의 인도네시아 열도 등이 호상 열도의 좋은 예이다.

호상열도 : 판이 소멸한다는 것은 하나의 판이 다른 판의 아래로 들어가 맨틀로 회귀하는 것이다. 하강하는 판의 온도는 올라가게 되어 궁극적으로는 습윤 부분용융이 일어난다. 이 과정에서 안산암질 마그마가 생성되는데, 이 마그마가 지표면에 분출하면 층상의 화산대를 이루게 된다(그림 5-1 참조).

이러한 화산 체인이 해양지각에 만들어지면 해양호상열도, 대륙 지각에 만들어 지면 대륙호상열도라 한다. 위치만 다를 뿐 기원은 똑같다. 호상열도에서 호의 곡률을 비교해 보면 반경이 큰 열도와 반대로 작은 열도가 있는데, 이러한 곡률의 차이는 판이 맨틀로 섭입하는 각도에 따라 결정된다. 만약 섭입 각도가 수직에 가깝다면 호상열도는 직선상에 놓이게 되고, 수평 방향에 가깝다면 휘어진 모양으로 배열하게 된다. 생성 연대가 오래된 판이 섭입을 하면 온도는 낮고 밀도는 높기 때문에 곡률 반경이 매우 큰 호상열도를 만들게 된다. 반대로 젊은 판이 섭입하여 만드는 호상열도의 곡률 반경은 작게 나타난다.

이것은 해양지각을 운반하는 암권이 자체 무게를 이용하여 온도는 높고 물성이 약한 약권을 통과하면서 맨틀 아래로 내려가는 과정에서 생기는 현상이다. 섭입하는 판이 오래전에 생성된 것이어서 온도가 낮고 밀도가 약권보다 높으면, 이러한 암권일수록 침강 속도는 빠르고 섭입 각도는 급경사이다.

멜란지와 배호분지 : 수렴대에 생성되는 지형 중에서 가장 특징적인 것이 멜란지(melange)이다. 멜란지는 파쇄된 암석 조각들이 뒤엉켜 있는 암체이다. 수렴대 경계에서 해양저에 있던 다양한 퇴적물들이 낮은 밀도 때문에 해구 아래로 침강되지 않고 대륙 위쪽으로 밀려올라가면서 생성된다. 멜란지의 두께가 두꺼울 경우에는 변성작용이 일어나는데, 청색 편암(blue schist)과 에클로자이트(eclogite)로 대표되는 고압-저온변성대에 해당한다.

호상열도 뒤쪽에는 배호분지(back-arc basin)가 생성되는데, 그 과정은 다음과 같다. 맨틀 속으로 섭입하는 판의 침강 속도가 상부에 있는 판의 전진 속도보다 빠르면, 상부 판의 앞부분은 장력을 받게 된다. 장력으로 인해 상부 판의 지각이 얇아지게 되면 호상열도 뒤쪽에 분지가 열리게 된다. 배호분지 안에서 현무암질 마그마가 분출할 수 있고, 규모가 작은 새로운 해양지각이 생성될 수 있다.

해양판 vs 대륙판

해양지각이 대륙지각 하부로 섭입하면 대륙에 있는 암석은 변형된다. 섭입이 진행됨에 따라 온도와 압력이 증가하면서 변성작용이 발생하게 되면, 해구에 쌓여 있던 퇴적물은 변형되고 용융에 따른 마그마 활동이 시작된다. 대륙으로 수렴하는 해양판의 경계부에서 나타나는 특징 중 하나는 평행한 변성대가 생성되는 것이다. 다른 하나는 대륙 지각에 층상의 화산대가 만들어지는 것이다.

대표적인 층상화산대가 안데스(Andes) 산맥과 캐스케이드(Cascade) 산맥이다. 캐스케이드는 캘리포니아로부터 캐나다 브리티시 컬럼비아까지 연장되어 있는 산맥으로, 일련의 연봉을 이루고 있으며 안산암으로 구성되어 있다. 안데스 산맥은 일련의 안산암질 화산 체인이다. 남미의 페루-칠레 해구를 따라 나즈카판과 함께 동반 섭입한 해저 퇴적물에 의해 현무암질 마그마가 만들어진다. 이 마그마가 상승하는 도중 지각 물질과 섞이게 되면 규소 성분이 증가하면서 안산암질 마그마가 생성된다. 안산암질 마그마가 분출할 때 매우 폭발적인 양상을 보이며 형성한 층상화산대가 안데스 산맥이다.

대륙판 vs 대륙판

두 개의 판에 얹혀 있는 대륙지각은, 두 개의 판 중 하나가 다른 판 하부로 섭입을 하게 되면 서로 충돌하게 된다. 충돌하면 퇴적물은 전단부에 모여서 점점 두껍게 쌓여 가면서, 최종적으로는 습곡-트러스트 산맥이 만들어진다. 충돌하는 두 판 사이에 해양지각이 갇히게 되면 전단 작용을 받게 되어 오피올라이트(ophiolite)가 생성된다.

습곡-트러스트 산맥 시스템의 특징은 층상화산 및 저반과 쌍변성대 등이 나타나는 것이다. 대륙 충돌 경계부를 따라 생성된 조산대와 충돌에 의해 생성된 조산대 사이에는 몇 가지 차이점이 있다. 쌍변성대는 섭입대에 대해 비대칭이다. 반면, 충돌대는 거의 대칭인데 그 이유는 충돌대 양쪽에 변형된 대륙지각이 나타나기 때문이다. 충돌로 인해 생성된 습곡 및 트러스트 산맥 시스템의 가장 큰 특징은 암체 내부에 새로운 산맥 시스템이 있다는 것이다. 이 경계부를 따라 화산 활동은 없으며, 지진은 넓은 지역에 걸쳐 발생하는데 중발 지진이 많다.

대륙지각 충돌의 가장 좋은 예는 신생대의 히말라야 산맥이고, 다른 하나는 초기 중생대부터 시작된 아프리카판과 유럽판이 충돌하면서 생긴 알프스 산맥이다. 히말라야 산맥은 1억 년 전쯤 곤드와나 대륙으로부터 분리된 인도 대륙이 북으로 이동하면서 전단부의 해양판이 모두 유라시아판의 하부로 섭입을 한 다음 대륙끼리 충돌하여 생성되었다. 현재도 충돌은 계속되고 있지만, 속도는 측정하기 어려울 정도로 느리다.

그러나 4천만 년 전 이전에 인도 대륙의 이동 속도는 10cm/년 이상이었다. 대륙 북서쪽(지금의 파키스탄 쪽)의 속도는 약 10cm/년이었으며, 북동쪽(지금의 방글라데시)은 약 11~18cm/년의 속도로 이동을 하였다. 두 지체가 충돌한 다음에는 이동 속도가 감소하여 1년에 5~6cm 정도였다. 인도판이 유라시아판의 하부로 밀고 들어감에 따라, 히말라야 산맥 밑에서 합쳐진 두 대륙의 두께는 70㎞인데 계속하여 증가할 것이다. 이와 같은 조산대에서 대륙의 고도가 융기하는 속도를 측정해 보면 수천만 년에서 수백만 년 동안의 평균 속도가 0.1~1cm이다.

우리나라와 판구조 운동 : 한반도도 고생대 트라이아스기에 서로 떨어져 있던 두 개의 대륙이 충돌해 만들어졌다는 이론이 제기되었다. 이 이론의 바탕은 테티스해 이전에 남-북으로 떨어져 있던 북중국 지괴와 남중국 지괴가 충돌을 했다는 것이다. 지금으로부터 약 2억 3천만 년 전이다. 우리나라도 같은 시기에 남쪽 지괴와 북쪽 지괴가 충돌한 것으로 여겨지고 있다. 지금까지 한반도는 20억 년 이전에 생성된 이래 줄곧 안정된 상태였다고 알려져 왔다. 한반도에서 충돌이 있었다고 주장하는 근거로 제시된 것은 중국대륙충돌 이론과 임진강대이다. 임진강대를 따라서 산맥이 동서 방향으로 주름이 잡혀 있다. 이곳 지층에 대한 지질조사 결과, 고압 변성암이 발견되었는데, 이 암석에는 높은 압력에서 생성되는 석류석이 함유되어 있다는 것이 밝혀졌다.

중국 대륙은 두 개의 남-북 지괴가 약 2억 3천만 년 전인 고생대 트라이아스기에 충돌하였다. 충돌대는 양쯔 강을 따라 위치하는 칠링~다비~산둥반도를 잇는 습곡대이다. 이 습곡대가 충돌에 의해 만들어진 것이라는 증거는 다음과 같다.

첫째, 습곡대의 북부는 혼성암대이고, 중심부는 초고압대로 코어사이트(coesite)나 다이아몬드(diamond) 같은 고압 광물을 함유하는 에클로자이트가 있고, 남부에는 청색 편암이 나타나는 고압대이다. 다이아몬드와 코어사이트는 고온-고압 광물이다. 즉, 이러한 암석이나 광물은 두 지괴의 충돌에 의한 고온-고압 환경에서 생성된 것이다. 둘째, 두 지괴가 충돌하기 전, 지괴 사이에 바다가 있었는데, 이곳에 있던 오피올라이트와 남중국 지괴의 북쪽 해안의 주변부에 있던 퇴적암이 습곡대에서 발견되었다. 이와 같은 지질학적 증거가 발견되기 이전에 시행된 고지자기 탐사 결과, 북중국과 남중국의 고지자기 방향은 서로 다르다는 것은 이미 밝혀진 상태였다.

중국의 남북 지괴 충돌과 한반도의 지체구조적 측면을 살펴보자. 한반도 남부와 남중국 지괴를 지질시대별로 비교해 보면 고지자기 방향이 서로 비슷하다. 또한 한반도와 남중국 사이에 어떤 충돌대도 존재하지 않는다. 이러한 사실은 두 땅덩어리가 같이 움직여 왔다는 것을 지시해 주고 있다. 따라서 북중국(또는 한반도 북부)과 한반도 남부 사이에는 충돌대가 존재해야 하는데, 장소는 어느 곳일까? 과거에는 옥천대가 충돌대일 가능성이 제기되었으나 최근에는 임진강대가 유력한 후보로 등장하였다.

임진강대는 북으로 평남분지, 남으로 경기육괴와 접하고 있다. 임진강대에 대한 지질조사 결과, 폭이 15~20㎞인 임진계층에서 고생대 데본기의 완족류·산호류 등 동물 화석과 다양한 식물 화석이 발견되었다. 조산작용을 받은 것이 확실한 임진강대 남쪽의 변성암 지역은 데본기에 퇴적된 심해저 쇄설성 퇴적암과 해저화산 암류 및 기반암인 원생대와 고생대의 암석으로 구성되어 있다. 임진강대 북부에 분포하는 암석의 변성도는 중압형이며, 남부로 갈수록 고압형으로 점점 변하다가 최남단부에서는 변성도가 갑자기 감소한다. 임진강대가 중국의 칠링~다비~산동을 잇는 중국 지괴의 충돌대가 연장된 구조라는 지질학적 증거와 함께 한반도에서 충돌이 있었음을 증명하기 위해서는 가장 결정적인 증거가 되는 다이아몬드나 코어사이트 같은 초고압 광물이 임진강대에서 발견되어야 한다.

변환단층경계

변환단층경계는 동그란 지구의 표면을 이동하고 있는 판의 경계 부위에 발달된 기하학적 단열에 지나지 않는다. 따라서 이 단층 경계에서는 새로운 지각이 생성되거나 기존의 지각이 소멸되는 일은 없다. 보존 경계(conservative boundary)이기 때문이다. 변환단층은 지진 발생과 관련이 있는 단층에 비해 대규모이며 수직 방향으로 깊이가 암권의 하부까지 연장되어 있는 주향이동단층이다. 수렴대나 발산대의 제반 작용으로 암권이 파쇄되는 과정에서 만들어진다.

변환단층은 단지 두 개의 판이 서로 미끄러지는 경계에 지나지 않는다. 해양지각에서 변환단층은 해양저에 좁고 긴 산맥과 계곡을 만든다. 대륙지각에 존재하는 변환단층은 지형에 영향을 주지만 해양지각에 미치는 영향과 비교해 볼 때 매우 미미하다. 대륙지각에서 변환단층은 100㎞ 정도에 이르는 단층대를 형성할 수 있다. 뉴질랜드의 알파인(Alpine) 단층 및 중동의 사해(Dead Sea) 단층이 좋은 예이다. 변환단층은 미끄러질 때 천발지진이 발생하지만 화산 활동과는 무관하다.

거대한 주향이동단층이 존재하는 곳은 과거에 큰 측방 이동이 있었다는 직접적이면서도 확실한 증거이다. 주향이동단층이 옛적의 확장중심이나 섭입대와 연계되어 있는 것인지 아니면 아닌지를 증명한다는 것은 거의 불가능하지만 유추는 할 수 있다. 이러한 유추는 현재 진행 중에 있는 주향이동단층을 관찰함으로써 가능한데, 바로 산안드레스 단층이다. 이 단층은 멕시코의 바하 캘리포니아 만에서 시작하여 북서 방향으로 캘리포니아 주의 서부를 달린 다음 태평양 밑으로 들어가 후안데푸카판(Juan de Fuca plate)의 변환단층인 멘도치노(Mendocino)와 만나게 된다. 단층의 연장 길이는 1,300㎞에 달하며, 인근 지역에서 발생하는 모든 지진의 근원지 역할을 하고 있다. 이 경계를 중심으로 오른쪽의 북미판은 남동 방향으로, 왼쪽의 태평양판은 북서쪽으로 이동하고 있다. 이 주향이동은 현재진행형이다.

구동력

판구조론이 정립된 지금도 판의 운동에 대해 정확하게 설명한다는 것은 아직도 쉬운 일이 아니다. 물체가 운동을 하는 데는 힘이 필요하다. 따라서 판을 움직이게 하는 힘의 근원인 구동력(driving force)을 확실하게 규명하기 전까지는 판구조론이란 시간에 따른 현상만을 기술하는 이론에 불과하다.

암권과 약권은 서로 닿아 있다. 약권이 움직이면 암권도 따라서 움직여야 한다. 반대로 암권의 움직임으로 약권이 움직이도록 유도를 할 수도 있다. 이러한 힘의 상호 관계에 대해 아직 상대에 끼치는 효과의 정도를 가늠해 내지 못하고 있는 것이 문제이다.

그러나 이러한 역학적인 운동과 관련하여 확신할 수 있는 사실이 하나가 있는데, 움직이는 모든 물체는 운동에너지를 갖고 있다는 것이다. 지구 내부에서 발생하는 모든 운동은 열에너지의 변환에 다름 아니다. 이에 더하여 판구조 운동과 관련 있는 열의 전달 방식은 맨틀의 대류임에 틀림없다.

하지만 맨틀 대류에 의해 판의 하부까지 열은 전달되지만, 어떤 메커니즘에 따라 판이 움직이게 되는가 하는 점은 아직 불확실하다. 우선, 지구 내부에서 열의 수급에 대해 알아보자.

열 수지

열은 대류, 방사 및 전도에 의해 전달된다. 열은 맨틀에서 지표면으로 전도에 의해 전달되지만, 맨틀 자체에서는 대류에 의해 열이 전달된다. 따라서 맨틀에서 열의 근원지와 소모지가 어디인가를 아는 것은 대류의 형태를 이해하는 데 매우 중요하다. 맨틀의 온도는 물론 열류량을 측정하기란 불가능하다.

따라서 지구 표면에서는 추정을 할 수밖에 없다. 지표면에 도달하는 지열을 알기 위해서는 지표 물질의 지열 증가율을 측정해야 한다. 광산의 수직갱에서 측정한 대륙지각의 지열 증가율은 1㎞당 20~30℃ 정도이다. 육지에서는 시추공, 해양지각에서는 해양저의 퇴적물에서 고감도의 검온기(thermometer)를 이용하여 수직 방향의 지온 증가율을 측정한 다음, 해당 암석 시료의 열전도율을 측정하면 해당 지역의 열류량을 알 수 있다.

해양저 산맥에서 측정한 결과, 해양지각의 열류량은 열곡대로부터 거리가 멀어질수록 감소한다. 암석의 생성 연대에 따라 차이를 보이지만, 대륙지각에서 열류량은 최근의 조산운동 이후 경과한 시간에 따라 변하고 있다. 대륙지각 암석의 연대에 따른 열류량 감소는 해양지각에 비해 매우 느리게 진행되고 있다. 앞서 언급한 대로 열류량을 결정하는 것은 전도에 의해 전달된 열만을 대상으로 측정한 것이다.

그러나 상당한 양의 지구 내부 열이 해양저 산맥 인근에서 누출되고 있다. 다름아닌 산맥 부근에 발달된 열극을 따라 침투한 해수에 의해서이다. 일반적으로 대륙의 열류량은 해양보다는 적기 때문에 대륙에 의한 열류량 방출은 지구 전체 방출량의 30% 정도에 머무르는 반면, 해양은 60%의 열류량 방출과 더불어 해양저 산맥에서 열수에 의해 누출되는 10%가 더해지게 된다.

지표면에 도달하는 열은 지구 내부로부터 유래되거나, 또는 지구 냉각에 의하거나, 또는 두 가지 모두로부터 유래될 수 있다. 가장 가능성이 높은 열 발생의 근원은 방사성 동위원소의 붕괴와 밀도가 높은 물질의 침적(settling)이라고 할 수 있다.

현재 우리의 지식으로 침적이 일어난다고 추정되는 곳은 지구 외핵으로, 철이 고체인 내핵으로 분할(partitioning)하는 것이다. 이러한 침적작용은 외핵을 구성하는 철과 철보다 밀도가 낮은 원소의 순환 운동이다. 즉 철과 분리된 밀도가 낮은 원소는 상승하는 반면, 분리된 철이 내핵에 부가되면서 흐름이 발생하는데, 이러한 유동이 다이나모의 에너지원으로 추정되고 있다. 이때 발생한 에너지는 외핵의 대류에 관여하고 온도가 낮은 맨틀의 하부로 이동하여 열을 맨틀 쪽으로 공급하는 것으로 볼 수 있다. 열원으로 중요한 방사성 동위원소는 우라늄(동위원소인 238U과 235U), 토륨(232Th) 그리고 칼륨(40K)이다.

맨틀 대류

맨틀은 고체인 암석으로 구성되어 있다. 암석이 맨틀과 같이 온도가 매우 높은 곳에 오랫동안 있게 되면, 아주 작은 힘에도 점성이 꽤 높은 액체같이 유동을 할 수도 있다. 따라서 열에 의해 주변의 물질보다 온도가 높아져 부력이 생기면, 고체인 맨틀 암석도 액체같이 이동을 할 수 있다. 온도가 높아지면 암석이 열팽창을 하여 밀도가 낮아지면서 매우 느린 속도로 상승할 것으로 추정된다. 상승하는 물질을 보상하기 위해서는 반대로 온도가 낮고 밀도가 높은 물질은 하강한다. 맨틀에서 대류가 발생하면, 지구 내부 깊은 곳으로부터 열은 지구표면으로 옮겨올 수 있을 것이다. 우선 맨틀의 대류 발생 가능성을 따져 보기로 하자.

레일레이 수 : 물질의 대류를 결정짓는 수치를 레일레이 수(Rayleigh number, R_a)라고 하며 무차원이다. $R_a = \frac{\alpha \Delta T g \rho d^3}{K \eta}$. 여기서 α는 열팽창계수, ΔT는 수직온도차, g는 중력 가속도, ρ는 밀도, d는 깊이, K는 열분산계수, η는 점성도이다. 이 식에서 분자 값이 증가하면 대류 발생 가능성은 높아지게 된다. α가 증가하면 ρ가 낮아지면서 이에 따라 부력이 발생한다. 중력(g)이 없으면 밀도 차에 의한 힘이 발생하지 않는다. 밀도가 증가하면 할수록 대류하려는 힘 역시 같은 비율로 증가한다. d가 깊어지면 압력은 증가한다. 온도 증가가 미치는 영향은 매우 큰데, 여기서 ΔT는 압축된 액체의 온도 증가율이 단열 증가율을 초과하는 온도의 차이다. 분모 값이 증가하면 대류는 제약을 받게 된다. K는 전도에 의해 온도가 높은 부분에서 낮은 부분으로 손실되는 열을 측정한 것이다. 따라서 대류에 필요한 열을 감소시키는 경향을 보인다. η가 증가하면 대류 속도는 확실히 더뎌질 것이다.

R_a가 증가하면 나타나는 현상을 살펴보기로 하자. 수평으로 놓인

두 개의 판 사이에 액체를 넣고 하부 판에 열을 가하게 되면 액체에 온도 구배(thermal gradient, 등온면의 법선 방향에 있는 등온면 사이 거리에 대한 온도 변화의 값)가 생기게 된다. 온도 차이가 많지 않은 경우, 대류는 발생하지 않으며 열은 전도에 의해 하부 액체에서 상부 쪽으로 전달된다. R_a가 5,000 이하까지는 전도에 의해 열이 전달된다.

그러나 R_a가 5,000 정도 되면 대류가 발생하기 시작한다. 이때의 대류 형태는 수평 방향의 롤(horizontal roll) 모양이다. R_a가 점점 더 증가하면 대류는 벌집(honeycomb) 모양을 띠기 시작하는데, 고온의 물질은 벌집 가운데에서 수직 방향으로 올라온 다음 주변의 벽을 타고 내려가게 된다. 이 단계부터 열의 전달 방법은 대류가 전도보다 중요하게 된다. R_a가 10^6 정도를 넘으면 대류 형태가 벌집 모양에서 흐트러지게 되면서 대류가 일어나는 통로가 움직이며 크기가 변하고, 상승류와 하강류 형태가 점점 더 뚜렷하게 구분된다. 대류가 일어나는 지역의 차이로 대류의 활동성이 영향을 받기는 하지만, 대부분의 시스템에서 R_a가 10^6 이상일 때 대류는 가장 중요한 열 전달 메커니즘이 된다.

맨틀은 주로 감람석과 휘석으로 구성되어 있으며, 지금까지 두 광물에 대한 열팽창 계수, 밀도, 열분산 계수 및 점성도를 측정하여 전체 맨틀 규모에서 레일레이 수를 계산한 결과 R_a가 10^6보다 큰 것으로 나타났다. 이는 맨틀에서 대류가 활동적으로 발생하고 있음을 나타내는 것이다.

대류 패턴 : 지금까지 맨틀에서 발생할 수 있는 대류 형태로 제시된 패턴은 모두 세 가지이다. 첫째, 모든 움직임이 약권과 암권에서만 일어나는 패턴이다. 이 모델에 따르면, 660km 하부의 맨틀은 거의 움직이지 않으며 거대한 열을 약권에 전달해 주는 역할을 한다. 판은 거대한 맨틀의 대류포(convection cell) 맨 위쪽에 위치한다. 대류포의 크기와 형태는 판의 크기와 형태에 따라 결정되므로, 다양한 대류포가 맨틀에 존재해야만 한다. 해양저 산맥 또는 해령에서 상승한 용암이 양쪽 방향으로 나뉜 뒤 수평 방향으로 이동하므로, 해양지각은 해양저 산맥으로부터 멀어질수록 온도는 낮아진다. 수렴경계, 즉 해구에서 암권은 다시 약권 속으로 침강하여 맨틀로 회귀한다.

그러나 이 모델은 판 자체가 문제점을 내포하고 있다. 어떤 판은 커지고 어떤 다른 판은 작아지는데, 대류포가 어떻게 움직이면서 크기를 맞추기 위해 변형하는지에 대한 설명이 어렵다는 단점이 있다.

두 번째 제시된 모델은 맨틀 전체에서 대류가 일어나는 것이다. 따라서 열은 핵-맨틀 경계를 통해 핵으로부터 전달되는데, 열의 전달 메커니즘은 아직 확실하지 않지만 전도로 추정하고 있다. 암권의 움직임 등은 첫 번째 모델과 유사하다. 그러나 두 모델은 대류포의 크기에서 차이가 있으며, 이 모델은 약권만이 아니라 그 이하 중간권을 모두 포함하고 있다. 이러한 거대한 대류포로부터 해령의 움직임과 지판의 크기 변화 등을 확인하는 것이 쉽지 않다는 것이 문제로 지적된다.

세 번째 모델은 크고 깊게 내려가는 대류포가 열을 상부의 판으로 옮기는 시스템이다. 이 모델 또한 두 대류포의 경계가 약권의 하부일 필요는 없지만, 660km 경계에서 지진파 속도 변화를 설명하는 데는 어려움이 있다.

지금까지 제시된 세 가지 모델은 관념적인 것에 지나지 않는다. 그러나 대류가 일어나야만 약권으로 고온의 물질이 공급되면서 온도가 유지되어 약권이 유동성을 갖게 된다는 점은 확실하다. 따라서 판구조 운동에서 맨틀 대류가 미치는 영향은 매우 크지만, 맨틀 대류가 판을 움직이는 절대적인 힘은 아닌 것 같다는 연구 결과가 상당히 많이 제시되어 있다.

그렇다면 맨틀 대류 이외에 어떤 다른 힘이 작용하고 있는지 알아볼 필요가 있다.

암권의 이동

베게너는 대류 이동에 대한 확고한 신념을 갖고 있었지만 이동에 관여하는 힘이 무엇인지 제시하지는 못하였다. 지표면에서 발생한 다양한 지질학적 현상을 종합해 보면 판 이동의 주력은 맨틀 대류이지만 대류에 의해 발생하는 힘과 판 이동의 상관 관계에 대해 알고 있는 것 역시 많지 않다.

여기에 더해 지진학자들은 판의 이동 속도와 맨틀의 대류 속도에서 이상한 관계를 알아차렸는데, 판(암권)의 이동 속도가 맨틀(약권)의 대류 속도보다 빠르다는 사실이다. 이는 자동차가 짐을 싣고 가는데, 자동차보다 짐이 나아가는 속도가 더 빠르다는 이야기와 같다. 이 문제에 관해 지금까지 얻은 정보와 지식을 검토해서 얻은 결론은 다음과 같다.

암권을 움직이는 데는 맨틀 대류 외에 세 가지 다른 힘이 있는 것

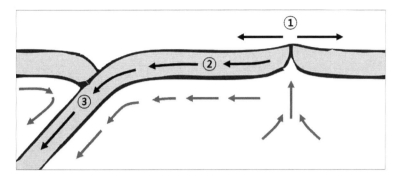

그림 5-2 세 가지 힘
암권이 약권 위에서 이동하는 데 관여하는 맨틀 대류 이외에 가능한 세 가지 힘을 나타낸 모식도이다. ① 해양저 산맥에서 상승하는 현무암질 마그마가 위쪽으로 올라오면서 판을 양쪽으로 미는 힘, ② 해양저 산맥과 해구 사이의 경사로 인해 미끄러지는 힘, ③ 수렴경계에서 판이 섭입하면서 끌고 내려가는 힘.

같다(그림 5-2). 첫 번째 힘은 확장대의 중심축에서 양쪽으로 밀어 버리는 힘이다(①). 확장대 중심으로 상승하는 마그마는 새로운 암권을 만드는데, 이러한 과정에서 판을 양옆으로 밀치게 된다. 이로 인해 양쪽에 있는 판의 내부가 압축 상태에 있게 되며, 해양저 산맥의 가운데 있는 새로운 해양지각은 장력 상태에 있게 된다.

두 번째 힘은 해양저 산맥과 해구 사이의 경사로 인해 확장축으로부터 지판이 미끄러져 내려가게 만드는 것이다(②). 암권은 확장축으로부터 멀어질수록 점점 더 냉각되고 두께가 두꺼워지면서 무거워진다. 또한 판의 자중(自重)이 늘어나면서 고도가 낮아진다. 따라서 암권과 약권의 경계는 확장축의 높이와 해구의 높이 차이로 인해 경사가 지게 된다. 경사도가 1/3,000 정도로 작더라도 암권의 무게로 인해 판이 일 년에 몇 센티미터 정도는 미끄러져 내려갈 수 있는 원인이 될 수 있다는 것이다.

세 번째는 암권이 맨틀을 관통할 때 전단부가 끄는 힘으로 인해 더 빠르게 움직일 수 있다는 것이다(③). 암권에서 맨틀로 처음 들어가는 앞부분이 상변이에 의해 주변의 물질보다 밀도가 증가하면서 끄는 힘이 생기는 것이다. 맨틀에 비해 온도가 낮게 유지되며 밀도가 높아진 섭입판은 자체의 중량에 의해 맨틀을 뚫고 내려가면서 전체 판을 끌게 된다.

암권 이동에 위에서 말한 세 가지 힘 중에서 하나만 관여하는 것은 아니다. 세 종류의 힘 모두가 구동력의 일부이다. 그러나 세 종류의 힘이 어느 정도 관여를 하고 있는지와 판이 움직이는 데 어떻게 관여하는지는 우리가 생각하는 것보다 매우 복잡하게 얽혀 있다.

현재 우리가 유추한 과정은 생성 연대가 오래되어 충분히 냉각된 암권이 침강하면서 판의 이동을 유발한 다음 다양한 과정이 복합적으로 이어지면서 판이 이동을 하는 것이다. <그림 5-2> ③과 관련된 복합적이고 다양한 과정이 매우 중요하게 떠오르면서 판의 이동 문제에 좀 더 다가갈 수 있는 길이 광물물리학의 연구로 밝혀지게 되었다. 바로 암권을 구성하는 주요 구성 광물의 상변이다. 암권을 맨틀 속으로 끌어들이는 새로운 힘에 관심을 갖고 살펴보기로 하자.

판을 끄는 힘 : 지구 표면을 가르는 판은 크기가 큰 판(유라시아, 북미, 남미, 남극, 아프리카, 인도, 태평양)과 작은 판(카리브, 아라비아, 필리핀, 나즈카, 코코스)으로 서로 나뉘어져 있다(그림 4-8 참조). 그렇다면 판의 넓이가 판의 속도에 영향을 줄까? 판의 수렴경계, 즉 섭입하는 경계인 해구의

길이와 속도의 관계는 어떨까? 이와 대비되게 발산경계의 길이와 판의 속도는 어떤 관계가 있을까? 이런 의문이 들 수 있다. 이에 대한 해결책은 각 판의 이동 속도와 앞서 말한 세 가지 항목을 서로 비교해 보는 것이다. 대비 결과, 판의 넓이와 발산경계의 길이는 판의 이동 속도와 관련이 없는 것으로 나타났다.

이에 반해 수렴경계의 길이와 판의 이동 속도 사이에는 유의한 관계가 있는 것으로 밝혀졌다(그림 5-3). 즉 섭입대 끝(edge)의 비율과 속도는 일정한 관계가 있다. 섭입대 끝 비율이 낮은 유라시아, 북미,

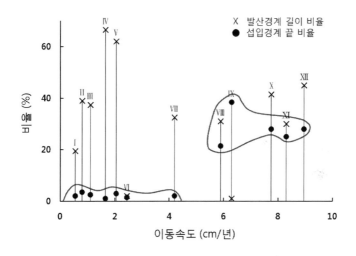

그림 5-3 '발산경계 길이 비율'과 '섭입경계 끝 비율'을 비교한 그래프

이 그래프에서 막대 높이는 전체 판의 경계 길이와 끝이 백분율로 표시되어 있다. 막대 위의 로마 숫자는 판을 나타낸다. I : 유라시아, II : 북미, III : 남미, IV : 남극, V : 아프리카, VI : 카리브, VII : 아라비아, VIII : 인도, IX : 필리핀, X : 나즈카, XI : 태평양, XII : 코코스. 섭입경계 끝의 비율이 낮은 그룹(왼쪽 곡선)이 높은 그룹(오른쪽 곡선)에 비해 이동 속도가 느린 것을 알 수 있다. 섭입경계 끝의 비율이 높은 그룹은 판의 속도가 빠르다. 이와 대비되게 발산경계 길이 비율은 판의 이동 속도와 뚜렷한 상관관계를 보이지 않는다.

남미, 남극 아프리카 및 카리브판의 이동 속도는 매우 낮고, 끝 비율이 높은 인도, 필리핀, 나즈카, 태평양, 코코스판의 속도는 높게 나타나 두 그룹은 명확하게 대비된다. 이것은 맨틀 내부로 회귀하는 판의 길이 비율이 높으면 높을수록 판의 이동 속도가 빠르다는 것을 나타내 주고 있다. 예를 들면 크기가 작은 코코스판은 거대한 태평양판보다 빠르게 이동한다. 크기가 큰 판은 밑면이 넓어서 약권의 힘을 많이 받으므로 빨리 이동해야 한다. 즉 약권과 접촉하는 넓이에 작용하는 구동력이 우세한 힘이라면 태평양판은 크기 때문에 빠르게 이동을 해야 한다는 것이다. 그러나 코코스판의 섭입대 끝의 비율이 조금 더 높기 때문에 조금 더 빠르게 섭입하는 것이다. 결국 판을 당기는 힘이 판 이동에 더 큰 영향을 미치는 요인이라 할 수 있다.

그렇다면 판을 당기는 힘이 구동력으로 우세한 이유는 무엇일까? 판이 맨틀 속으로 섭입하면 온도가 매우 천천히 높아지게 되므로, 판의 저온 상태가 지속적으로 유지된다. 그로 인해 판의 밀도가 주변의 맨틀 물질보다 높아지므로 '-' 부력이 수백 킬로미터에 걸쳐 지속적으로 유지된다. 이에 더하여 판을 당기는 힘은 400km 깊이에서 발생하는 상변이에 의해 증가하게 된다(제6장 참조). 판을 구성하는 주요 광물인 감람석(α-상)이 스피넬 구조(β-상)로 되는데, 이 상변이가 발열 반응이다. 즉, 반응열이 방출되면서 주변 온도를 올리면서 상변이가 발생하는 압력을 낮추게 된다. 이에 따라 섭입하는 판이 400km 깊이에 도달하기 이전에 상변이가 발생한다. 즉, 얇은 깊이에서 상변이가 발생하여 주변 물질보다 밀도가 높아지는 것이다. 높아진 밀도에 따라 증가하게 된 판의 하중은 섭입대에서 판을 끌어당기는 힘으로 작용

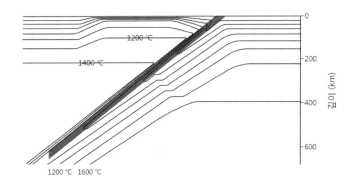

그림 5-4 섭입하는 판과 주변 맨틀의 온도 분포도

열은 전도에 의해 주변으로부터 판으로 전달된다. 따라서 판의 온도는 같은 깊이에서 맨틀의 온도와 비교하면 매우 낮다. 400㎞ 깊이에서 맨틀의 온도가 1,000℃인 반면, 판의 내부 온도는 800℃ 이하이다. 판이 660㎞ 깊이까지 도달하는 것으로 표시되어 있다. 이 판은 400㎞ 깊이에서 상변이를 겪게 되면서 판 이동의 구동력에 영향을 주게 된다.

한다(그림 5-4). 이로 인해 판의 섭입 속도가 빨라지면서 결과적으로 판 전체의 이동 속도를 높이게 된다.

판은 섭입대에서 판을 당기는 힘이 없어도 움직인다. 섭입대 끝의 비율이 무시할 만한 판들이 이동을 하기 때문이다. 가장 좋은 본보기는 대서양에서 아프리카판과 남미판이 분리, 이동하는 것이다. 두 판은 발산경계인 중앙 해령에서 서로 반대 방향으로 이동하고 있다. 이와 같은 움직임은 확장대에서 마그마가 분출되면서 밀어 버리는 힘이 전부이다. 그러므로 섭입대의 끝에서 끄는 힘도 중요하지만, 이와 같이 해양저의 확장대에서 밀어올리는 힘도 판을 이동시키는 구동력으로 매우 중요하다고 할 수 있다(그림 5-2 참조).

열점

　　　　　고지자기 역전을 이용하여 측정한 판의 움직임은
상대적 이동을 나타낸 것에 지나지 않는다. 따라서 판의 절대적인 움
직임을 알아내기 위해서는 또 다른 기준이 필요하다. 이를 위해서는
상대속도와 절대속도에 대한 개념을 정리해 볼 필요가 있다.

　그러나 지구상에 고정된 기준점이 없다면 상대속도만을 구할 수
있다. 그렇다면 고정된 기준점은 있는가, 아니면 없는가? 이에 대한
답은 '있다'이다. 매우 다행스럽게도 미국의 지질학자 다나(James D.
Dana, 1813~1895)는 하와이 열도에서 화산의 연대가 남동쪽에서 북서
쪽으로 증가한다는 사실을 지표 지질 조사를 통해 알아냈다. 다나
는 조산 운동과 화산 활동에 대한 선구적인 연구를 한 광물학자이다.
19세기에 지향사 개념을 처음으로 제안하기도 했다. 다나의 업적 중
최고봉은 광물학 저서 『*The Manual of Mineralogy*』를 발간한 것이
다. 이 책은 현재 전 세계 대학의 광물학 교재의 표준이 되어 있다.

　1960년대에 하와이 열도를 조사했던 윌슨(J. Wilson)이 제안한 대
로 화산도의 연령은 해양저 움직임의 기록과 일치한다. 윌슨은 맨틀
의 깊은 곳에까지 마그마의 기원 물질이 있다고 가정하였다. 암권이
움직이면서 화산체는 이동을 해도 맨틀의 마그마 방은 고정된 지점
에 남아 있어야만 한다는 것이다. 윌슨은 이러한 가정에 의거해 '해저
확장설'을 테스트하려 했으나, 곧 중요한 사실 하나를 알아차리게 되
었다. 만약 고정된 지점, 즉 열점이 존재한다면 이를 기준점으로 하여
판의 절대속도를 측정할 수 있으리라는 것이었다. 현재 지구상에는

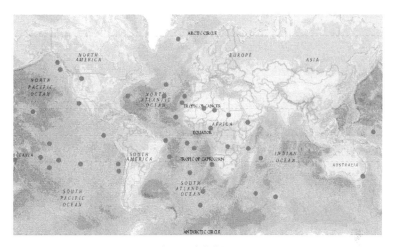

그림 5-5 열점의 분포도

검은 점이 열점의 현재 위치를 나타내고 있다. 열점도 고정되어 있는 것이 아니라 과거에는 다른 지점에 위치하고 있었다.

100여 개 이상의 열점이 알려져 있다(그림 5-5).

이러한 열점을 기준으로 하여 알 수 있는 것은 아프리카판이 거의 정지해 있다는 것인데, 이렇게 보는 이유는 아프리카판에 남아 있는 열점 기원의 화산 나이가 매우 오래되었기 때문이다. 만약 판이 움직인다면 새로운 화산이 선상으로 배열해야 하고, 판이 움직이지 않는다면 열점에는 오래된 화산이 계속하여 그 자리를 지키고 있어야만 하기 때문이다. 아프리카판은 확장 끝에 의해 거의 둘러싸여 있다. 따라서 만약 아프리카판의 절대속도가 거의 0이거나 또는 0에 가깝다면 남대서양의 중앙 해령은 1년에 2cm 속도로 서쪽으로 움직여야 한다. 거의 정지 상태에 있는 아프리카판을 제외하면 거의 모든 판은 다양한 방향으로 나름대로 움직임을 계속하고 있다.

지진파 단층촬영법 : 지진학의 획기적인 발전으로 맨틀 대류의 형태를 지진파 단층촬영법(seismic tomography, ST)으로 관찰하는 것이 가능해졌다. 지진파 속도는 지구 내부 물질의 화학 성분, 결정 구조, 물리적 특성 및 온도의 변화에 영향을 받는다. 지각에서 속도 변화는 주로 성분과 결정 구조 차이에 기인하는데, 이는 다양한 형태의 암석이 분포하고 있기 때문이다. 그러나 맨틀은 성분과 구조가 지각보다는 균일하기 때문에 지진파 속도에 영향을 주는 가장 큰 요인은 대류와 관련된 온도 차이인 것 같다. 깊이가 같다면 온도가 낮은 지역보다 높은 지역에서 지진파의 전파 속도가 낮다. 이유는 온도가 올라가 맨틀 물질이 열팽창을 하면 밀도를 감소시키므로 지진파 속도가 증가하여야 하지만, 탄성계수 값 역시 감소하기 때문에 지진파 속도가 감소하기 때문이다.

온도가 높은 지역과 낮은 지역의 경계는 점이적으로 변하기 때문에 지진파를 2차원적으로 분석하면 그 경계를 가늠하기가 사실상 불가능하다. 따라서 일정 지역에서 얻을 수 있는 가능한 한 많은 지진파 데이터를 획득한 다음, 입체적으로 분석하면 이 문제를 해결할 수 있다. 지진파 속도를 3차원적으로 분석하여 지구 내부 깊이의 일정 구간에 따른 지진파 속도 분포를 나타내 주는 지진파 속도 분포 지도를 만드는 방법이 'ST'이다. 맨틀은 지진파 속도가 빠른 지역과 느린 지역이 공존하는 곳인 데다 3차원 공간이므로 지진파 속도 분포 지도 제작이 매우 어렵고 복잡할 수밖에 없다. 더욱 어려운 점은 P파, S파, 표면파를 모두 이용한다 하더라도 이러한 파를 측정할 수 있는 지진 감지를 위한 지진계 분포가 편중되어 있고, 또 전반적으로 부족하다는 것이다.

ST 분석 결과, 지진파 속도가 순상지 아래와 섭입대에서는 빠르고 (즉, 온도가 낮고), 확장대나 지체구조운동 또는 화산 활동이 활발한 지역에서는 느린 것으로(즉, 온도가 높다) 나타났다. 이와 같은 속도 대비는 깊이가 증가함에 따라 점점 사라지며, 속도 차이 역시 줄어들게 된다. 하부 맨틀에 대한 지진파 단층 이미지 분석에 따르면 지진파 속도의 변이는 상부 맨틀에 비해 적은 것으로 밝혀졌다. 그러나 아직까지는 온도가 높은 지역과 낮은 지역의 구분을 신뢰도 높게 밝힐 수 있는 단계는 아니다. 지구과학에서 더욱 많은 연구가 요구되는 분야 중 하나라 할 수 있다.

플룸 이론

열점의 근원지가 핵-맨틀의 경계에 국부적으로 존재한다면 근원지의 크기는 작고, 형태는 거의 원형에 가까워야 한다. 따라서 거대한 대류포가 만들어지는 대신, 지름이 수백 킬로미터에 불과하고 뜨거운 암석이 실린더 모양으로 상승하여 작은 열점이 생성된다.

이러한 형태의 상승체를 열적 플룸(thermal plume)이라 하며, 이는 오래된 화산이 활동하는 근원점이 된다(그림 5-6). 열적 플룸의 숫자는 모두 합해도 20개를 넘지 않는 것 같다. 이러한 플룸이 암권의 하부에 도달하면, 보다 작은 규모의 마그마가 상승하게 되는 국지적인 열점이 형성된다. 그러나 대부분의 플룸은 옆 방향으로 퍼지면서 암권 아래에서 수평 방향으로 흐른다. 이러한 메커니즘에 따라 약권은 플룸에 의해 생성되는 모든 대류포의 상부 권역이 된다. 플룸이 상부로 이동하면서 생기게 되는 하부 맨틀의 공동화를 메워 주기 위해 상부

그림 5-6 맨틀의 상승류와 하강류 패턴
플룸 구조론에 의한 맨틀의 거대한 상승류와 하강류의 패턴을 나타낸 모식도.

맨틀의 하강이 이어지게 된다.

하부 맨틀의 최하단인 200㎞ 구간은 외핵과 맞닿아 있는 경계로 D''층(D two prime layer)이라 한다. D''층은 핵으로부터 맨틀로 열이 전달되는 열경계층이다. 화학 성분은 외핵과는 전혀 다르지만, 하부 맨틀과도 다를 것으로 추정하고 있다.

이렇게 추정하는 이유는 균일하지 않은 화학 조성과, 불안정한 열적 상태로 열적 플룸을 유발하는 곳으로 여겨지고 있기 때문이다. 그렇다면 액상의 외핵과 고상의 하부 맨틀이 접촉하는 구조의 화학 성분, 즉 구성 광물은 무엇일까 하는 의문 내지 호기심이 든다. 하부 맨틀의 주요 구성 광물은 $(Mg,Fe)SiO_3$-페롭스카이트와 $(Mg,Fe)O$ 및

CaSiO$_3$-페롭스카이트이다(제6장 참조). 핵과 맨틀의 경계는 매우 불안정하므로 주요 구성 광물인 (Mg,Fe)SiO$_3$-페롭스카이트가 다른 결정구조로 상변이할 것이라고 예상되고 있다. 새로운 결정 구조를 갖는 초고온-초고압 광물은 D''층에서 지진파의 이방성과 D'층 상부에서 S-파에 의한 기복이 있는 불연속면의 특성을 설명할 수 있어야 한다.

지구 내부는 기존 모델의 범주를 벗어나 점점 복잡해지고 있으며, 기성 이론과 규칙에 반하는 현상과 작용이 드러나고 있다. 슈퍼플룸(super plume, SP)도 이러한 현상 중 하나이다. SP가 상승하는 구역은 남태평양과 아프리카 대륙의 하부로 추정하고 있다. 반대로 유라시아 대륙의 하부는 차가워진 SP가 하향 운동을 하여 맨틀로 회귀하는 구역일 것으로 보고 있다. 차가워진 해양판이 D''층까지 도달하게 되면 이에 대응하여 뜨거운 맨틀 구성체가 D''층에서 상승할 것이다. 여전히 지진파 단층촬영(ST)법으로 알게 된 지구 내부의 거대한 대류 현상과 지구 자기장과의 관계 역시 아직 이해가 되지 않고 있는 부문이다. 하강하는 거대한 규모의 SP가 지구 외핵에 부딪치면서 충격을 주면 외핵의 유동 상태에 영향을 주는지, 또는 아닌지도 아직까지 답이 없어 모호한 상태이다. 만약 영향을 준다면 충격의 정도와 외핵의 반응이 무엇일지도 우리의 호기심을 자극하고 있다. 앞으로 풀어야 할 연구 영역이다(그림 5-6 참조).

지질시대 중 자기장의 방향은 대체로 1억 2천만 년 전부터 8천만 년 전 사이에는 정상이었는데, 이 기간을 중생대 평온기(cretaceous quiet zone)라 한다. 여기서 정상이란 현재 자기장의 방향과 같다는 뜻이다. 중생대 평온기의 시작 전이나 또는 끝난 후 상당기간 지구자기장이 역전되는 횟수도 다른 지질시대와 비교해 봐도 빈번하지 않은 것으로 나타나고 있다. 지구 자기 정상기는 전체 지구에서 화성 활동이 활발하게 발생하던 시기와 대체로 일치하고 있다. 따라서 중생대 평온기에 진행되었던 활발한 화성 활동이 슈퍼플룸(SP)을 유도하는 데 기여한 것으로 유추할 수 있다. SP는 맨틀 하부에서 규모가 거대한 고온의 용융 물질이 올라오는 현상이라 할 수 있다. SP와 중생대 평온기의 관계는, 거대한 규모의 열이 맨틀 하부에서 제거되면 핵의 온도가 낮아지면서 지오다이나모(geodynamo)를 한쪽 방향으로 고정시킴으로써 지구 자기장의 평온기가 오랫동안 지속되었다고 추론하는 것이 이성적인 것 같다.

06

지구 내부의
구조와 조성

지구 내부의 구조와 조성

　　　　　지구 내부는 층상구조이며 각 층의 일반적인 물리적
특성은 지진학 연구 등 지구물리학적 방법을 통해 알 수 있다(그림 6-1).
그러나 지진학 데이터는 지구의 층상구조 각각을 이루고 있는 물질
의 조성을 알려주지는 못한다. 지진학의 한계인 셈이다.

　　지구 내부에 있는 물질이 암석인지 금속인지, 더 나아가 암석을 구
성하는 광물은 무엇이고 또는 어떤 금속인지에 대해서는 지진학이 아
닌 다른 분야의 연구를 통해서 알아내야 한다. 즉, 맨틀을 이루는 암
석은 무엇이며, 그 아래에서 액체 상태의 외핵을 이루고 있는 물질은
무엇인가? 또, 더 아래 지구 중심에 자리한 고체 상태의 물질은 무엇

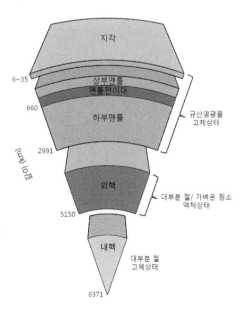

그림 6-1 지구 내부의 층상구조
지구 내부의 층상구조를 깊이에
따라 구분하였다. 해양지각의
두께는 6km 정도이며, 대륙지각
의 평균 두께는 35km 정도이다.
상부 맨틀과 맨틀 전이대의 경계
깊이는 400km이다. 왼쪽 구분
에 따르면, 지각과 맨틀은 규산
염 광물로 구성되어 있으며, 고
체 상태이다. 외핵은 주로 철로
구성되어 있으나 철보다 가벼운
원소가 존재하며 액체 상태로 되
어 있다. 고체 내핵은 대부분이
철로 되어 있으며 약간의 니켈이
공존할 것으로 추정하고 있다.

인가? 이러한 문제를 푸는 가장 좋은 방법은 지구 내부로 직접 내려가 관찰하고 필요한 시료 채취도 하는 것이다. 그러나 이 방법이 꿈에서도 불가능하다는 것을 우리 모두는 알고 있다. 따라서 이 문제를 해결하기 위해서는 지구 표면에서 얻을 수 있는 모든 데이터와 다양한 연구 분야의 지식을 이용하지 않으면 안 된다.

내부 구조 & 물질

지구를 구성하는 물질은 무엇인가? 지구 표면 물질에 대해서는 이미 기술하였고(제3장), '지구의 거의 대부분을 차지하고 있지만 아직 우리가 접근할 수 없는 지구 내부를 구성하고 있는 물질은 도대체 무엇인가?' 즉, 층상구조인 지구 내부 각각을 이루는 물질의 상태와 화학 조성에 대한 답을 찾는 것이다. 액체 상태인가, 아니면 고체 상태로 존재하는가? 또한 전기 및 열에 대한 전도성은 있는가, 아니면 없는가? 어떤 종류의 광물이 존재하며 광물의 화학 성분은 무엇인가를 알아보는 것이다.

우리는 지표면이 움직이고 있다는 사실로부터 지구 내부 역시 움직이고 있어야 한다는 확신을 갖고 있다. 이러한 사실로부터 지구 내부 물질의 구성 성분은 무엇이며, 어떠한 힘에 의해 지구 내부가 움직이고, 이러한 움직임에 의해 지구 물질은 지난 46억 동안 어떤 변화를 지속적으로 겪어 오게 되었는가 하는 문제에 다가가 보려는 것이다.

지난 20세기부터 지구과학자들은 지구 내부 문제를 해결하기 위해 많은 노력을 기울였지만, 우리의 발밑 겨우 12㎞ 이하에서는 시료 채취는 고사하고 관찰조차 할 수 없다는 사실 앞에서 인간 기술의 한계를 절감하고 있다. 이처럼 현재로서는 직접적인 조사가 불가능하기 때문에 우회적인 방법을 쓸 수밖에 없다. 지구 표면에서 지질 조사를 통해 얻은 방대한 데이터를 이용하여 지구 내부의 물질을 유추해 보는 것이다.

　가장 좋은 예는 맨틀 기원의 킴벌라이트(kimberlite)를 연구하는 것이다. 이 초염기성암은 지하 200㎞ 정도의 심도에서 유래된 암체임이 틀림없다고 여겨지고 있다. 하지만 이 암체가 지하 200㎞ 맨틀 환경을 그대로 전해 준다고 볼 수는 없다. 왜냐하면 킴벌라이트가 기원지로부터 지표면까지 상승하는 동안 받았을 다양한 물리·화학적 작용에 의해 많은 변화를 겪었을 것이기 때문이다. 뿐만 아니라 어떤 작용을 받았으며, 변화는 어떠한 경로를 따랐는지를 추적하는 것이 불가능하다. 200㎞라는 깊이는 지구 반경 6,371㎞와 견주어 볼 때 매우 미미한 부위에 불과하지만, 이로부터 얻을 수 있는 지구 내부에 대한 정보의 값어치는 매우 높은 것임에 틀림없다.

　지구 내부에 대한 직접적인 접근은 차단되어 있다. 지표에서 얻을 수 있는 정보는 지구 내부의 아주 작은 부분과 관련이 있을 뿐이지만, 그래도 이를 종합하여 분석하면 지구 내부의 구성 물질과 근접한 사실을 밝혀낼 수도 있을 것으로 기대는 할 수 있다.

　예를 들면 지구 내부의 밀도 변이와 관성 모멘트 데이터로부터 지구 핵은 주로 철로 되어 있을 것으로 추정할 수 있다(제3장 참조). 이렇게 추정하는 이유는 첫째, 오직 철만이 지구의 핵에 상응하는 밀도를 갖고 있으며, 둘째 철은 지구 자기를 발생시킬 수 있는 도체이고, 셋째 지구에는 철로 핵을 채울 만큼 충분한 양이 존재하기 때문이다. 철 이외에 이와 같은 조건을 충족시킬 수 있는 다른 원소는 없어 보인다. 만약 이와 같은 조건을 충족시킬 수 있는 물질이 나타나게 되면 그 물질로 철을 대체시켜야 한다.

지구 내부를 이해하기 위해서는, 자연현상에 대해 과학적 논리를 바탕으로 접근해야 한다. 우선 지진학을 이용하는 것이다. 지진이나 대규모 충격으로 인해 발생한 지진파를 연구하여 지구 내부 구조의 획기적인 변화, 즉 지구 반지름의 거의 반 정도 되는 깊이에서 지구 구성 물질이 고체(즉, 맨틀)에서 액체(즉, 외핵)로 바뀐다는 사실을 알아냈다. 이외에도 지진파 속도가 변하는 지구 내부의 경계 구조는 여러 곳에서 발견되었다. 그렇다면, 왜 지진파 속도가 변하는가? 원인은 무엇인가? 즉 구성 성분의 변화 때문인가? 아니면 구성 물질의 결정 구조 변화가 원인인가? 아니면 온도 및 압력이나 또 다른 요인이 원인인가를 알아보기 위해서는 논리적인 접근을 해야 한다.

이를 위한 첫 단계는 밀도를 살펴보는 것이다. 밀도는 매우 정확하게 측정할 수 있는 물질 고유의 파라미터로, 매우 유용한 물리적 특성이다. 물질마다 밀도가 다르기 때문에 밀도를 이용하면 물질 구분이 가능하다. 지구 내부 밀도는 지진파의 속도 분석과 질량 및 관성 모멘트 데이터를 이용하여 유추할 수 있다(그림 6-2). 두 번째는 이와 같은 밀도 값을 가장 잘 만족시켜 줄 수 있는 적합한 물질을 찾아내는 것이다. 지구 내부에 있는 물질은 균질하지 않으며, 각각의 구조를 구성하

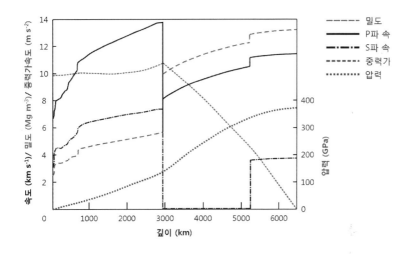

그림 6-2 PREM 모델

PREM에 따른 밀도, P-파 및 S-파속도, 중력가속도 그리고 압력 값을 지구 내부 깊이에 따라 나타냈다. PREM 모델을 그림으로 나타낸 것이다.

는 물질의 화학 성분은 분화되어 있다. 이러한 분화 작용의 대부분은 지구가 생성되던 초기에 발생하였는데, 오랜 지질 시간이 지나면서 화학 성분이 분리되는 후속 작용이 지속적으로 일어나게 되었다. 특히 판구조 운동에 의해 대륙지각이 생성되면서 해양지각과 화학 성분이 분리되는 작용이 뚜렷하게 진행되었다.

지구 내부에 주어진 온도 및 압력 조건에 따라 화학 원소는 서로 공생할 수 있는 다양한 광물 구조로 결합하면서 안정된 구조에 각각 자리를 잡게 되었다. 이와 같이 간단하지만 논리적인 방법을 좇아 지구 내부에 존재할 가능성이 높은 물질에 대한 접근을 할 수 있다.

물질들은 각각 고유한 밀도 값을 갖고 있으므로 밀도를 이용하여 지구 내부를 모델링할 수도 있다. 암권의 최상부는 지각이다. 지각은 지구에서 제일 복잡한 구조인데 이는 지질작용, 즉 퇴적작용과 변성작용 그리고 화성 활동의 반복적인 순환작용에 의해 지각을 구성하는 다양한 물질들의 화학 원소가 극단적으로 분화되어 있는 곳이기 때문이다.

지각 아래에는 맨틀이 있다. 맨틀은 지각보다는 단순하지만 핵보다는 훨씬 복잡하게 구성되어 있을 것으로 예상된다. 이유는 맨틀이 핵에 비해 훨씬 많은 다양한 원소로 구성되어 있으며, 온도-압력에 따라 상변이를 하고 있기 때문이다. 맨틀은 고체이지만 포행에 의해 변형될 수 있을 정도로 온도가 충분히 높다. 암권의 하부에 있는 상부 맨틀은 거의 용융 온도에 가까우며, 지엽적으로는 부분용융 상태에 있어 화성 활동의 근원이 되기도 한다.

지구 핵은 주로 철 원소로 조성되어 있을 것으로 추정되지만 다음과 같은 문제가 여전히 의문으로 남는다. 첫째, 지진파 데이터로부터 계산된 밀도 값을 만족시켜 주기 위해서는 철보다 가벼운 원소가 존재해야 하는데, 이러한 원소가 무엇인가? 둘째, 내핵은 고체인데 그 이유는? 셋째, 지구 자기 발생의 정확한 메커니즘은 무엇인가?

이러한 난제를 해결하기 위한 첫 번째 접근은 지구 내부를 알기 위해 노력해 왔던 선구자들의 발자취와 업적을 살펴보는 것이다.

지구 속으로

프랑스의 소설가 베른(Jules G. Verne, 1828~1905)이 쓴 『지구 중심으로의 여행』은 광물학 전공 교수가 조카 및 동료와 함께 3인의 탐험대를 꾸리고 아이슬란드 서쪽에 있는 사화산 스네펠스(Snaefellsjokull)의 화도를 따라 땅속으로 내려가서 지구 내부를 여행한다는 내용이다. 지구 내부 탐험대는 땅속에서 상상을 초월하는 다양한 경험과 모험을 한 뒤, 이탈리아 시실리 섬 북쪽의 지중해에 있는 한 활화산의 화도를 통해 땅 위로 100일 만에 돌아온다. 19세기 중반 당시의 과학적 지식과 수준을 가늠할 수 있는 도구와 장비 등을 이용하여 작가 최고의 상상력을 동원하여 완성한 훌륭한 작품이지만 지금 우리의 인식과는 너무나 거리가 멀다. 그러나 당시 유럽인들이 지구 표면에서 일어나는 변화에 대해 원인은 지구 내부에 있다는 인식을 바탕으로, 문제를 풀기 위한 시도와 도전의 하나라고 볼 수 있다. 소설에서는 화산의 화도가 비어 있는 것으로 묘사를 했지만, 실제 화도는 대개의 경우 용암으로 채워져 있어 사람이 들어갈 정도의 틈새가 없다. 이에 비해 동굴은 지형학 및 지질학적 작용으로 만들어진 땅속 공간으로 인간이 지구 중심 방향으로 아주 조금 더 가까이 다가갈 수 있는 곳이다.

자연적으로 만들어진 동굴 중에서 수직 방향인 굴이 발견되었는데 멕시코 아퀴스몬(Aquismon) 지역에 있는 제비동굴로 깊이가 376m이다. 2014년에는 제비동굴보다 깊은 수직 동굴이 중국 씽티에지엔에서 발견되었는데, 깊이가 무려 1,026m이다. 수직 동굴은 아니지만, 지금까지 발견된 동굴 중에서 가장 깊은 동굴은 우크라이나의 흑해 인근에 위치한 크루베라(Krubera) 동굴이다. 깊이가 무려 2,080m에 달한다. 우리 입장에서 보면 어마어마한 깊이이지만, 지각의 평균 두께를 35㎞로 보았을 때 5%가 조금 넘는 깊이에 지나지 않는 미천한 균열에 지나지 않는다.

그렇다면 인간이 파내려간 굴 중에서 가장 깊게 내려간 곳은 어디일까? 남아프리카공화국 요하네스버그 남서쪽 윗워터스트랜드 분지(Witwaterstrand basin)에 위치한 음포닝(Mponeng) 금 광산으로 거의 4㎞ 깊이까지 굴착을 하였으며, 인근에 소재하고 있는 웨스턴 딥 레블즈(Western deep levels) 금 광산에서 채굴한 갱의 깊이는 약 3,900m이다. 두 곳 모두 거의 10리 길이나 파내려 갔다.

그러나 시추를 하면 훨씬 깊은 곳까지 뚫을 수 있는데, 유전 개발을 위해 미국의 석유회사는 1970년대에 9,583m까지 천공을 한 기록을 갖고 있다. 상업 목적의 시추였다. 그렇다면 과학적인 시추 굴착의 성과는 어떠하였을까?

해양지각을 뚫고

1957년 헤스(H. Hess)가 주도한 모홀 계획(Project Mohole, PM)은 해양지각을 뚫고 맨틀에 도달한 다음, 맨틀의 성분, 구조, 그리고 진화 과정 등을 연구하기 위한 최초의 과학적 시도였다. 계획 수립 후 4년 뒤인 1961년 4월경, 해상에서 시추 작업을 실시하여 길이가 14m인 코어(core) 시료를 얻는 데 마침내 성공하였다. 시추 장소는 멕시코 바하칼리포르니아 반도의 서쪽에 위치한 화산섬 과다루페(Guadalupe) 인근으로 수심은 3,600m이며, 퇴적물의 두께는 170m였다. 그러나 시추에 이용된 당시의 제반 기술과 장비는 석유 탐사를 위해 개발된 것이었고, 해상에서의 시추 작업 또한 초창기여서 경험이 없었기 때문에 선박을 이용한 시추는 난관에 봉착할 수밖에 없었다. 결국 많은 어려움과 함께 시추 기술의 한계를 절감하면서 PM은 1966년 종료되었다.

NASA의 아폴로 우주계획(Apollo Program, AP)은 PM과 비슷한 시기에 시작되었는데, AP 사업에 따른 성과는 PM과 비교할 때 어마어마한 것이었다. AP를 시작한 지 10년도 채 안 되어 지구인이 달에 착륙을 하였으니 말이다.

PM 이후 다행스럽게도 국제적 공조가 이루어지면서 해양 시추는 다시 시작되었으며, 현재도 진행 중이다. 이어진 시추 공조 프로젝트는 Integrated Ocean Drilling Program(IODP)이며, 2003년부터 시작되었다. IODP는 2013년부터 International Ocean Discovery Program(IODP)으로 변경된 다음, 추후 10년 안에 맨틀까지 시추를 성공하겠다는 목표를 세워 놓고 있다. IODP의 원대한 계획에 따라 중앙아메리카의 태평양에 위치한 코코스판 인근 해상에서 시추가 현재 진행 중이다. IODP에 참여하고 있는 시추 탐사선은 미국의 조이스 레조루션(JOIDES Resolution)과 일본의 치큐 하켄(Chikyu Hakken)이다.

대륙지각을 뚫고

육지에서 가장 깊게 뚫고 내려간 시추공은 러시아 북서쪽 무르만스크(Murmansk)에 있는 콜라 시추공(Kola Super-deep Borehole, KSB)이다. 1970년 시추를 시작하여 1989년에는 1만 2,262m 깊이까지 도달하였다. KSB의 지름은 지표면에서 72cm이지만, 제일 깊은 곳에서의 시추공 지름은 23cm이다. 시추공 최하부의 온도는 250℃로 측정되었다.

KSB 프로젝트가 중단된 데는 유럽 국가들 간의 국제정세와 구소련의 붕괴 등 러시아 외부 및 내부의 정치·경제·사회적 문제가 큰 영향을 미쳤지만 시추 자체에 대한 기술적이고 공학적인 문제도 간과

할 수 없다. KSB로부터 얻은 데이터를 종합하여 판단해 보면, 지금까지 개발된 인류의 시추 기술로 굴착할 수 있는 최대 깊이는 15㎞ 정도로 보는 것이 타당하다.

기술의 한계

19세기 베른 이후, 21세기에도 지구 내부를 탐험하고 싶은 공상가들이 있는데, 이제는 소설 대신 컴퓨터그래픽 기술을 이용해 지구 속을 들락거리고 있다. 할리우드 영화 <코어(The Core)>가 그것이다. 인공지진 때문에 멈추어 버린 핵을 다시 작동시키기 위해 노력한다는 이야기이지만 황당하기는 19세기 소설과 크게 다르지 않다.

지금은 우주 시대이다. 일반 사람들도 우주 여행을 할 수 있다. 달을 다목적·다용도로 이용하려는 시도를 하고 있고, 화성을 지구의 식민지로 만들려 하고 있다. 인간이 제작한 과학 탐사선이 태양계를 벗어난 바깥 우주 공간으로 운항을 계속하고 있는 시대이다. 은하수를 여행하고 있는 것이다. 정교한 기술로 제작한 탐사선 덕분에 우주를 살펴볼 수 있게 된 것이다. 우리는 지금 우주의 탄생과 나이 그리고 진화와 확장에 대해 이야기를 하며, 고개를 들어 무한한 공간을 보면서 시간을 초월한 상념에 젖을 수도 있다. 지구의 기권을 벗어나면 만나게 되는 진공이라는 환경에서 중력을 이용하여 우주로 연구 대상의 외연을 확장한 결과이다.

그렇다면 이제는 머리를 숙여 땅 쪽을 한번 바라보자. 우주에서는 광년(light year)이란 단위를 쉽게 언급하지만 땅 밑으로는 겨우 12㎞ 남짓한 깊이 아래를 넘지 못하고 있다. 대륙에서는 30㎞이지만 해양에서는 6㎞만 뚫고 내려가면 지구의 새로운 영역인 맨틀을 만날 수 있다. 지구 표면과는 전혀 다른 세상인 맨틀에 도달하기 위해 현시점에서 인간이 기댈 수 있는 유일한 기술은 시추이다. 다른 방법은 없다. 지구과학자들은 오늘도 맨틀 도달이라는 목표를 이루기 위해 노력을 하고 있지만 우주 분야에 대한 열기에 비하면 미미하기 그지없다. 하지만 이 목표는 지구과학이 지향하는 도전 중에서 최고의 도전으로 간주되고 있다. 지구에서 마지막으로 남은 유일한 미개척 분야가 바로 지구 내부이기 때문이다.

지구 내부 모델링 : 상기한 대로 해양지각에서 맨틀까지의 깊이는 최소 6㎞ 정도이다. 이 길이는 지구의 반지름과 비교했을 때 너무나 얕다. 그렇지만 현재 우리의 기술로는 이 정도 깊이도 도달하는 것마저도 매우 벅찬 일이다. 이러한 인간 기술의 한계를 절감하고 있는 현 상황에서 지구 내부의 물질에 접근할 수 있는 유일한 방법은 바로 모델링(modelling)이다. 지금까지는 유일한 접근법이라 할 수 있다. 이외의 다른 방법을 아직 우리는 찾아내지 못하고 있다. 지구물리 모델과 지구화학 모델로 크게 구분해 지구 내부로 다가가 보기로 한다.

지구 내부 모델링

지구물리학적 모델

지구나 다른 행성의 내부를 모델링하는데 견지해야 할 주안점은 지구화학적 관찰 결과뿐만 아니라 지구물리학적 관찰 결과 역시 만족시켜야 한다는 것이다. 지구물리학적으로 중요한 변수는 밀도와 탄성이다. 지구의 평균 밀도는 측지학에서 측정한 크기와 질량으로부터 쉽게 계산이 가능한데, 5.525g/㎤이다. 밀도 값은 화학 성분을 유추하는 데 매우 긴요한 정보이다. 실제로 밀도는 지구 이외의 다른 행성의 화학 성분을 추정할 수 있는 유일한 단서이다. 또한 이렇게 추정한 화학 성분이 실제로 측정한 값에서 크게 벗어나지 않는 것으로 확인되고 있다. 예를 들어 석영이나 감람석과 같이 규소·산소 및 다른 여타의 원소로 된 규산염 광물의 밀도는 2.6~3.3g/㎤이며, 철과 니켈 합금 밀도는 7.8g/㎤이다. 지구가 규산염 광물과 철로 되어 있다고 유추할 수 있는 근거이다.

지구는 다른 행성을 연구할 때 기준이 되는 참고자료이기도 하다. 달의 밀도는 3.3g/㎤이다. 따라서 달은 주로 규산염 광물로 구성되어 있다고 볼 수 있다. 목성의 위성인 가니메데의 밀도는 1.9g/㎤이다. 따라서 규산염 광물이 아닌 물질로 구성되어 있다고 유추할 수 있다.

지구 내부에서 온도 및 압력 변화에 따른 밀도의 변이는 크게 나타나지 않는 반면, 화학 성분에 따른 밀도의 차이는 훨씬 더 큰 것으로 밝혀졌다. 지구의 관성 모멘트 역시 중요한 파라미터이다. 회전하는 물체의 관성 모멘트는 축으로부터 밀도의 분포에 따라 다르다.

지구의 경우, 관성 모멘트 측정 결과에 따르면 핵에는 무거운 물질이 있고, 핵을 감싸고 있는 맨틀은 가벼운 물질로 되어 있다(제3장 참조).

지구화학적 모델

지구 내부의 화학 성분을 추정하기 위해서는 지표면에서 채취 가능한 많은 암석을 분석한 데이터가 요구된다. 다행히 이와 같은 데이터가 충분히 확보되어 있다. 지각을 구성하는 전형적인 암석의 밀도는 대체로 낮은데, 특정 지역에서 밀도가 높은 감람암(peridotite)이나 에클로자이트(eclogite)가 발견되기도 한다. 이와 같은 암석의 구성 성분은 일반 암석에 비해 이산화규소(SiO_2)의 함량은 낮고 밀도는 높다. 이를 근거로 감람암이나 에클로자이트가 맨틀을 구성하는 암석의 후보로 거론되고 있다.

1세기 이상 이루어진 방대한 양의 광물학 및 암석학적 연구나 지구화학적 연구에 따르면 지표면에 분포하고 있는 암석은 지구 맨틀을 대표하는 암석이 절대로 될 수 없다. 왜냐하면 지표면 가까이에서 부분용융 과정을 통해 다양한 분화 작용을 반복적으로 받았기 때문이다. 지구 맨틀 암석은 지표면 암석과는 매우 다르다. 성인이 다르기 때문이다. 따라서 지표면에서 관찰하고 분석하여 얻은 암석의 구성 성분을 바탕으로 지구 전체의 화학 성분을 추정하기 위해서는 지구에서 발생하고 있는 화학적 분화 작용에 대해 알아야만 한다.

파이로라이트 모델 : 호주의 지구화학자 링우드(Alfred E.T. Ringwood, 1930~1993)는 맨틀 광물에 대한 고온-고압 실험을 시행하여 실험암석

학 및 광물물리학의 기반을 다진 선구자이다. 링우드는 지구 내부 물질 조성에 대한 연구를 통해 지구 자체는 물론이고 지구형 행성의 내부 구조 및 진화 과정을 밝히는 데 근간이 되는 연구를 수행하였다. 1956년 미국 하버드 대학에서 유학한 링우드는 버치(F. Birch, 3장 참조)와 함께 지구 내부에 대한 연구를 시작하였다. 호주로 돌아온 링우드는 1959년 호주국립대학교(Australian National University)에 고온-고압광물연구소를 설립하였다.

링우드가 처음으로 시도한 것은 Mg_2SiO_4-감람석이 아닌 Mg_2GeO_4-감람석에 대한 고압 실험이었다. 링우드가 기대한 것은 당시에 이용 가능한 기기로 얻을 수 있는 온도와 압력의 한도 내에서 규소(Si)-감람석보다는 게르마늄(Ge)-감람석이 보다 낮은 압력에서 상변이를 할 수도 있지 않을까 하는 희망이었다. 규소(Si, 원자번호 14)와 게르마늄(Ge, 원자번호 32)은 주기율표의 IV족에 속하며 Ge의 원자 반경이 Si에 비해 크기 때문에 게르마늄 화합물이 보다 낮은 압력에서 반응할 것으로 예상한 것이다. 실험 결과 링우드의 예견은 들어맞았으며, 이를 근거로 맨틀 전이대에서는 감람석에 이어 휘석도 상변이를 해야 한다고 주장하였다.

이후 링우드는 이전에 비해 훨씬 개량된 고온-고압 기기를 이용하여 게르마늄-감람석의 상변이에 이어 규소-감람석의 단성분인 Fe_2SiO_4가 스피넬 구조로 상변이하는 것을 밝히게 된다. 압력에 따라 광물의 밀도가 높아지고 결정 구조가 조밀해지는 상변이 경로를 처음으로 밝힌 것이다. 그리고 1966년 말, 드디어 Mg_2SiO_4-단성분의 고압 스피넬 결정 구조를 합성하는 데 성공한다. Fe의 이온 반경은 Mg에 비해 크다. 따라서 Fe_2SiO_4가 Mg_2SiO_4에 비해 상대적으로 낮은 압력에서 반응을 보인 것이다. 드디어 400㎞ 깊이에서 $(Mg,Fe)_2SiO_4$-감람석의 상변이 계통이 완성된 것이다.

1879년 호주 퀸즐랜드 서쪽, 텐햄 역(Tenham station) 인근에 운석이 낙하하였다. 매우 건조한 지역에 떨어진 운석은 바로 회수되었기 때문에 변질되지 않아 과학적 연구를 하기에는 더없이 귀한 시료로 평가받고 있다. 텐햄 운석은 탄질 콘드라이트로서 규산염 광물, 산화물 및 황화물 이외에 많은 양의 유기물을 함유하고 있다. 이에 더하여 이 운석에는 고압 상태에서 변성작용을 받아 생성된 일련의 광물과 조직이 남아 있어 지구 내부 광물의 조성과 변이 계통을 연구하는 데 최적의 시료라 할 수 있다.

1969년 텐햄 운석에서 감람석의 고압상인 스피넬 구조가 발견되었다. 지구에서 생성된 결정 구조는 아니었지만 자연에서는 처음으로 발견된 것이었다. 우주가 만든 이 광물 이름이 '링우다이트(rigwoodite)'이다. 2008년 캐나다 앨버타(Alberta) 대학의 연구팀은 브라질의 유이나(Juina) 광산에서 채취한 황색 다이아몬드로부터 드디어 지구가 만든 링우다이트를 분리하는 데 성공하였다. 분리된 링우다이트의 크기는 3mm 정도였다.

지구의 구조 및 진화에 대한 링우드의 예측이나 모델은 매우 간단한 원리에 기초하고 있다. 1975년 링우드는 지구의 화학적 분화 이론에 바탕을 두고 지구 내부 모델을 제안하였다. 링우드는 맨틀 물질이 부분적으로 용융하여 현무암이 생성되는데, 부분용융을 지구에서 가장 중요한 화산 활동 과정으로 생각하였다. 중앙해령의 하부에는 부분

용융에 의해 만들어진 마그마방이 있는데, 이로부터 분출한 암석이 중앙해령현무암(Mid Ocean Ridge Basalt, MORB)이다. 링우드는 MORB에 바탕을 두고 가상의 암석을 제안하였는데, 이것이 파이로라이트(pyrolite)이다. 그는 대부분의 맨틀이 파이로라이트로 구성되어야 한다는 주장을 하였다. 파이로라이트는 Mg와 Fe가 많은 암석이며, 맨틀로부터 유래한 암석과 비슷하지만, 규산의 함량은 전형적인 맨틀 시료보다 약간 높으며, Ca, Al 및 다른 원소 역시 함유하고 있는 암석이다.

링우드의 모델에서 전형적인 맨틀 시료는 파이로라이트가 부분용융을 받고 남은 잔여물로 해석하고 있다. 파이로라이트 모델의 광물 구성비는 감람석(olivine) 57%, 사방휘석(orthopyroxene) 17%, 석류석(garnet) 14%, 단사휘석(clinopyroxene) 12%이다. 파이로라이트(pyrolite)는 휘석, pyroxene과 감람석, olivine을 적절히 조합해서 만든 용어이다. 깊이가 증가하면서 발생하는 구성 광물의 상변이 구간은 지진파 불연속면의 깊이와 서로 잘 맞는다. 따라서 파이로라이트 모델은 구성 광물의 화학 성분이 깊이에 따라 변하지 않으며 광물의 결정 구조만 바뀌는, 화학적으로 균질한 맨틀 성분을 갖는다.

콘드라이트 모델 : 지구의 화학 성분과 태양계 평균 성분이 같다는 모델이다. 일반적으로 태양계 구성 물질은 초기 태양계 성운으로부터 생성된 것으로 볼 수 있다. 따라서 태양계 내에서 태양과 그 외 구성 물질의 성분은 거의 모두 같아야 한다. 태양 표면에서 발산하는 성분은 태양광선을 광학적으로 분석하여 추정할 수 있지만 이 데이터가 태양계 성분을 대표한다고 볼 수는 없다. 따라서 태양계의 구성 성분

을 추정할 수 있는 다른 정보가 필요한데, 이는 운석으로부터 얻을 수 있다. 운석이란 행성으로 발전하지 못한 시원적인 물질의 잔해 파편으로 여겨지고 있다(제2장 참조).

다양한 운석 중에서 탄질운석이 매우 독특하다. 이 운석은 금속인 철, 규산염 광물 및 유기물질 등 다양한 물질로 구성되어 있다. 방사성 동위원소에 대한 연대 측정을 하여 결정한 탄질운석의 연령 중에서 가장 오래된 것이 약 45.5억 년이다. 그러므로 이런 형태의 운석은 초기 태양계의 잔존물일 가능성이 매우 높다. 탄질콘드라이트의 화학 성분은 휘발성 원소를 제외하면 태양과 일치하고 있어 탄질콘드라이트의 화학 성분은 태양계를 대표한다고 볼 수 있다. 이에 따라 지구의 화학 성분이 휘발성 원소를 제외하면 탄질콘드라이트와 유사하다는 근거에 바탕을 둔 모델이 콘드라이트 모델(Chondrite Model)이다.

에클로자이트 모델 : 이후 시간이 지나면서 더욱 복잡한 지구화학적 모델이 제안되었다. 캘리포니아 공과대학(Caltech)의 앤더슨(Don L. Anderson, 1933~2014)과 몇 명의 지구물리학자는 맨틀이 화학적으로 상이한 몇 개의 지층으로 되어 있다는 모델, 즉 에클로자이트 모델(Eclogite Model)을 제안하였다.

이러한 모델을 제안하게 된 밑바닥에는 지구 생성에 관한 하나의 시나리오가 있다. 바로 우주 탐사 데이터에 바탕을 둔 시나리오이다. 아폴로 계획의 성과를 분석한 결과, 많은 지구과학자들은 행성이 생성되는 과정에서 미행성이 고속으로 충돌할 때 발생한 열에너지에 의해 거대한 양의 용융체가 초기 지구에 만들어졌다고 믿게 되었다.

넓은 지역에 걸쳐서 분포하는 거대한 용융체를 마그마 바다라 했는데, 마그마 바다가 냉각하기 시작하면서 다양한 광물이 고화되었으며, 이러한 과정이 진행되면서 광물이 가라앉거나 또는 떠서 화학적 층서가 정립되었다는 지구화학적 모델을 제안한 것이다. 에클로자이트 모델의 구성 광물과 함량은 사방휘석 3%, 감람석 16%, 석류석 37%, 단사휘석 23%, 제이다이트(jaedite) 21%이다.

앤더슨은 지구의 기원과 진화 및 구조와 구성 성분 등에 관해 폭넓게 연구한 지진학자로, 그의 연구 데이터는 다른 행성을 연구하는 데 기초 자료로 가장 많이 선호되고 있다. 앤더슨의 가장 획기적인 연구 업적은 하버드 대학의 지원스키(Adam Dziewonski, 1936~2016)와 함께 PREM(Preliminary Reference Earth Model)을 완성한 것이다(그림 6-2 참조, 제3장). PREM은 지구 내부의 지진파 속도, 밀도, 압력, 감쇠, 이방성 등에 근거하여 지구 내부 구조와 구성 물질의 특성을 규정하는 표준 모델이다. 지원스키는 우크라이나 출신으로 폴란드에서 교육을 받은 미국의 지진학자이다.

모델-모델-모델 : 여기서 하나 명심해야 할 것은, 이렇게 제안된 세 개의 모델 모두 많은 불확실성을 내포하고 있다는 것이다. 이러한 불확실성으로 인해 이들 모델은 지구 내부에 대한 명확한 그림을 당장 던져 주기보다는 앞으로 언젠가는 검증이 가능한 가설로서의 역할을 하고 있다. 지구화학에서 몇몇 법칙은 매우 잘 정립되어 있으며, 물리적 조건과는 거의 독립적으로 작용한다. 예를 들어 방사능 동위원소 붕괴에 관한 법칙과 마그마와 광물 사이에 몇몇 원소의 분할에 관한 법칙은 어느 조건에서나 적용 가능하다.

그러나 이러한 법칙에 따라 도출된 분석 결과만으로 지구의 화학 성분을 독단적으로 설정해서는 안 된다. 모든 모델에서 공통적으로 맨틀 구성은 기본적으로 $(Mg,Fe)_2SiO_4$(감람석, 그리고 고압상), $(Mg,Fe)SiO_3$(휘석 및 고압상)이며, 의심의 여지없이 $(Mg,Fe)O$가 지각보다는 맨틀에 많이 있다. 그러나 깊이에 따라 $(Mg+Fe)/Si$ 비율이 변하는 문제와 같은 보다 자세한 정보를 요하는 이슈에 대해서는 상기한 어느 모델로부터는 결론을 이끌어낼 수가 없다.

지구가 태양계 화학 성분의 평균값과 똑같을 수도 없고 같을 필요도 없다. 태양계 생성 초기에 지구의 화학 성분은 변한 것 같으며, 지구와 탄질콘드라이트 역시 동일한 장소에서 생성된 것 같지도 않다. 더욱이, 비록 마그마 바다가 있었다고 하지만 마그마가 고화되면서 화학적 층서로 이어졌는지도 명확하지 않다. 또한 마그마 바다로부터 고화가 일어나는 동안 격렬한 대류 작용에 의해 섞이게 되면서 거의 균질한 상태로 재결정화 작용이 일어났을 수도 있다.

이 책에서는 '콘드라이트 모델'을 근간으로 하여 암석학적 지식과 광물학적 성과 등을 종합하여 상부 맨틀의 모델을 설명하는 것으로 제한하였다.

상부 맨틀

맨틀 일반

맨틀은 층상 내부 구조 중에서 가장 크며, 지구 전체 부피의 84%, 질량의 68%를 차지하고 있다. 맨틀은 해양지각에서 평균적으로 8㎞, 대륙지각에서는 35㎞ 정도 떨어져 있지만, 지각에서 발생하는 많은 지질학적 현상과 지체 구조 변화를 지배하며 주도적인 역할을 하고 있다. 암권은 지각과 맨틀의 상부를 아우르는 권역이다. 암권의 아래에는 약권이 있다. 약권에는 저속층(LVZ)이 깊이 220±㎞ 구간에 있는데, 지구 전역에 걸쳐 분포하며, 부분용융을 하고 있을 것으로 판단된다.

400㎞ 깊이에 있는 지진파 불연속면은 상부 맨틀과 맨틀 전이대가 나뉘는 경계이다. 전이대는 660㎞ 깊이까지 확장되어 있으며, 맨틀의 성인과 진화에 대한 열쇠를 쥐고 있는 곳으로 여겨지고 있다. 따라서 이에 대한 정확한 정보는 맨틀뿐만 아니라 지구 전체의 진화 과정을 밝히는 데 매우 긴요하다. 660㎞ 깊이부터 핵-맨틀 경계까지가 하부 맨틀이다. 맨틀에서 규모가 가장 크며, 따라서 지구에서 제일 큰 구조이다. 하부 맨틀에서 지진파의 전파는 매우 순탄하기 때문에 지극히 안정한 상태에 있다고 볼 수 있다. 외핵과 만나는 하부 맨틀의 경계부에는 D"-층이 존재하는데, 고체 암석과 용융 물질이 맞닿아 있는 구간으로 매우 불안정한 상태에 있을 것으로 추정하고 있다.

지표면에서 상부 맨틀 시료를 얻기는 매우 어렵다. 따라서 맨틀의 부분용융에 의해 유래된 암석으로부터 맨틀 성분에 대한 정보 획득을 기대해 보아야 한다. 이러한 암석 중에서 대표적인 암석이 해양저 산맥의 현무암이다. 이곳에서 채취하게 되는 현무암은 이전에는 녹아 있다가 굳어진 암석이다. 따라서 고체인 현무암을 이용해 용융하기 이전의 상부 맨틀 물질을 알아보기 위해서는 역으로 추적을 하지 않으면 안 된다. 태양계와 지구로부터 획득한 물질을 분석하여 얻은 물리-화학적 빅 데이터(big data)에 기초한 전체규산염지구(bulk silicate Earth)의 화학 조성을 보면, 맨틀에는 운석에서 발견된 것 같은 규산염 광물이 많을 것으로 미루어 생각해도 틀리지는 않을 것 같다. 이렇게 언급할 수밖에 없는 이유는 우리가 지금까지 맨틀에 도달해서 확인을 해본 적이 전혀 없기 때문이다.

상부 맨틀의 주요 구성 광물은 감람석(Mg_2SiO_4)과 휘석($Mg_2Si_2O_6$)이며, 여기서 Mg는 Fe에 의해 치환되어 다양한 고용체를 이루고 있다. 이에 더하여 Ca 및 Al을 함유하고 있는 규산염 광물도 존재하며, 다른 소량의 원소도 주요 구성 광물을 치환하거나 또는 독립적인 광물종을 이루어 맨틀에 존재하고 있다.

그렇다면 이렇게 예측하는 근거는 어디에 있는가? 우선 맨틀 단괴(mantle nodule)인데, 단괴는 상승하는 마그마에 포획된 상부 맨틀 물질인 암석 조각 또는 광물 조각이며, 주로 감람석과 휘석류가 대부분이다. 다음으로 중요한 증거 시료는 킴벌라이트 파이프(kimberlite pipe)와 오피올라이트(ophiolite)이다. 킴벌라이트 파이프는 폭발적인 가스와 고체 물질이 혼합되어 발생한 화학작용에 의해 생성된 맨틀 기원의 초염기성 암체이다. 오피올라이트는 판의 수렴경계에서 해양지각 및 상부 맨틀 물질이 맨틀로 섭입하지 않고 지표면으로 올라와 노출된 암체, 즉 해양판이다.

상부 맨틀 시료

오피올라이트 : 해양저 산맥은 지구상에서 화산 활동이 가장 많이 발생하는 곳으로 1년에 분출되는 현무암의 양은 약 20㎦ 정도이다. 이와 같은 화산 활동으로 인해 새로운 해양판이 지속적으로 생성되고 있다. 해양판이란 한시적으로 존재하는 지체이며, 해양판이 생성된 후 맨틀로 회귀하는 데 소요되는 시간을 약 1억 년 단위로 하고 있다. 그러나 이러한 사이클에서 벗어나 육지로 올라오는 해양판이 있는데, 바로 오피올라이트(ophiolite)이다.

오피올라이트는 사문암(serpentinite)화된 일종의 감람암이다. 판구론이 정립되기 이전에는 이 암체에 대해 다양한 암석학적 의견이 제시되었기 때문에 통일성이 없었다. 이론이 정립된 후에는 '오피올라이트'는 해양판 생성과 관련하여 성인적으로 특별한 관계가 있는 모든 종류의 암석을 아우르게 되었다. 전형적인 오피올라이트의 층서는 4개의 층으로 되어 있다. 지금까지 발견된 오피올라이트 중, 지중해 동쪽에 위치한 키프러스 섬의 트로오도스 암체(Troodos Massif of Cyprus)가 가장 유명하며, 조사가 정밀하게 시행되었다.

오피올라이트 최상부인 제1층은 처트, 이암, 셰일 그리고 석회암으로 구성되어 있으며, 심해저에서 얻은 시추 시료와 일치하는 층서이다. 이러한 퇴적층 아래에 있는 소레이아이트 용암에는 구리와 아연의 황화물 광물이 포함되어 있는데, 황화물의 기원은 블랙 스모커(black smoker)이다(그림 6-3). 블랙 스모커의 분출 온도는 350℃ 정도이고, 분출 속도는 1~3m/초이다. 스모커의 성인은 확장대에서 수 킬로미터 떨어져 있는 곳으로부터 해양지각 밑으로 스며들어간 바닷물이

그림 6-3 블랙 스모커(왼쪽)와 화이트 스모커(오른쪽).
연기는 금속 황화물 입자에 의한 것인데, 연기가 온도가 낮은 해저의 바닷물에 닿으면 황화물이
용액으로부터 분리되어 나온다. 미국 우즈홀 해양연구소(Woods hole oceanographic institute,
WHOI)에서 건조한 심해저 탐사선 앨빈(Alvin)호에 의해 처음 발견되었다.

가열된 다음 해저에서 분출하는 것이다. 블랙 스모커가 발달되어 있
는 지역의 해양지각의 암석은 매우 심한 변성 작용을 받게 된다. 이에
반해 화이트 스모커(white smoker)는 열수만 분출하며, 온도는 300℃
이하이다(그림 6-3). 분출 속도 역시 느려서 초당 1m 이하이며, 변성
작용을 일으키지도 않는다.

오피올라이트의 제2층은 베개용암(pillow lava)층이다. 베개용암은
용암이 수중에서 빠르게 냉각될 때, 용암 표면에 외피가 빠르게 만들
어지고, 이 외피 안에서 압력이 증가하면 둥근 모양이나 또는 평평
한 모양으로 팽창하면서 만들어진다. 제2층 아래에는 맥암의 복합체

가 있으며, 복합체 하부에는 심성암인 층상의 반려암이 있는데, 이 두 암체가 이루는 구조가 제3층이다. 제3층의 하부에는 화성 활동에 의해 관입한 감람암이 위치하는데, 이 암석에는 담색인 산성 부위와 색이 짙은 염기성 부위가 서로 교호하면서 생성된 선 구조가 나타난다. 감람석과 휘석은 모두 염기성 마그마에 비해 밀도가 상대적으로 높기 때문에, 두 광물은 마그마 방의 아래쪽에 집중적으로 쌓이게 된다. 이렇게 생성된 층상의 감람암이 오피올라이트의 제4층이다. 해양지각과 상부 맨틀에서 감지되는 지진파 경계는 반려암이 층상의 감람암으로 점점 전이하면서 생긴 것으로 생각되는데, 이 경계가 제3층과 제4층을 구분하고 있는 모호면이다.

현무암 기원 물질 : 현무암질 마그마는 상부 맨틀에서 부분용융에 의해 생성되며, 해양저 산맥이나 열점 등을 통해 지표면으로 올라온다. 부분용융은 지진파 저속층의 상부와, 해양저 산맥의 10~20km 하부, 그리고 열점에서는 깊이 50~60km의 하부가 서로 연계되어 있는 지역에서 발생하고 있다. 그렇다면, 이러한 지역에서 어떤 물질이 부분용융을 하게 되는 것일까? 즉 현무암의 기원물질은 무엇인가? 지금까지 시행된 실험암석학과 광물물리학의 축적된 연구결과에 의하면, 감람암과 에클로자이트가 현무암의 기원물질로 밝혀졌다.

감람암은 감람석($(Mg,Fe)_2SiO_4$)이 65%, 사방휘석($(Mg,Fe)_2Si_2O_6$)이 25%이고, 단사휘석($(Ca,Mg,Fe)_2Si_2O_6$)과 석류석($(Mg,Fe)_3Al_2Si_3O_{12}$)이 나머지 약 10%인 초염기성 암석이다. 감람암은 대륙지각의 수렴경계에서 트러스트 단층의 암편으로, 해도의 현무암질 용암의 단괴로, 그리고 킴벌

그림 6-4 남아공 다이아몬드 광산, 빅홀

남아공 노던 케이프(Northern Cape)에 있는 다이아몬드 광산, 빅홀(Big Hole). 파이프 모양이며 지금은 물로 차있어 검은 색으로 보인다. 빅홀의 지름은 약 500m이며 채굴심도는 1,098m이다. 1914년 폐광될 때까지 43년간 약 1,450만 캐럿의 다이아몬드를 채취하였다.

라이트 파이프에서 발견되고 있다(그림 6-4). 에클로자이트의 화학 성분은 현무암과 같지만 현무암보다 밀도가 매우 높은 변성암이다. 현무암이 고압변성 작용을 받으면 에클로자이트가 된다. 에클로자이트는 알루미늄-휘석 50% 정도와 나머지 50% 정도의 석류석으로 구성되어 있다. 에클로자이트는 알프스나 히말라야 같은 조산대에서 발견되며, 킴벌라이트 파이프에서 발견되는 에클로자이트는 매우 다양한 암상을 보이고 있다.

그렇다면 '상부 맨틀은 감람암일까, 아니면 에클로자이트일까'라는 질문을 할 수 있다. 지금까지 방대한 지역에서 오랫동안 시행된 지표지질조사 결과를 종합해 보면, 상부 맨틀에서 유래된 것으로 추정

되는 감람암이 에클로자이트에 비해 더 많다. 또한 감람암의 화학
성분이 지구 전체의 화학 성분과 매우 유사하기 때문에 상부 맨틀의
구성암석으로 감람암이 선호되지만, 에클로자이트를 상부 맨틀의 조
성에서 배제할 이유 또한 없다.

킴벌라이트 : 킴벌라이트(kimberlite)는 감람암이며, 대부분의 킴벌라
이트에는 석류석이 포함되어 있다. 킴벌라이트 중에는 비록 소수이
지만 석류석이 주 구성 광물인 에클로자이트로 이루어져 있는 암체
도 발견되고 있다. 킴벌라이트 파이프를 구성하는 암상의 10~15%는
에클로자이트이다. 감람석은 100~300㎞ 깊이에서 매우 중요한 광물
이며, 이 구간에서 킴벌라이트에 포획되는 것으로 추정하고 있다. 석
류석이 이 구간에서 15% 정도를 차지하고 있지만, 여전히 가장 많이
분포하는 광물은 감람석이다. 킴벌라이트 파이프는 맨틀을 통과하면
서 생성된 기체와 고체의 혼합물(gas-solid mixture)인데, 이 혼합 물체가
맨틀을 뚫고 지표면으로 올라오는 동안 구성 성분은 화학적인 분리
작용을 받게 된다. 따라서 최종적으로 지표면에 생성된 암석이 분리
작용을 받기 전과 상대적으로 어떻게 다르게 되었는가를 추정하기는
매우 어려운 문제이다.

킴벌라이트 파이프는 다이아몬드를 함유하고 있다(그림 6-5). 다이
아몬드는 지구 내부 심도 150㎞ 이하에 해당하는 온도와 압력에서 생
성된다. 보석으로의 가치와 더불어, 다이아몬드로부터 얻을 수 있는
지구 내부 정보는 다음과 같다. 첫째, 결정이 성장할 때 걸려들게 된
포유물에 근거하여 다이아몬드가 에클로자이트에서 유래되었는지,

그림 6-5 다이아몬드와 모암인 킴벌라이트

가공한 다이아몬드를 모암인 킴벌라이트 위에 올려놓았다. 킴벌라이트는 다이아몬드를 배태하고 있는 초염기성 암석이며, 유색 광물이 많아 어두운 색을 띠고 있다.

또는 감람암에서 유래되었는지를 알 수 있다. 둘째, 다이아몬드 결정 내에 있는 탄소에 대한 동위원소 분석에 의해 탄소가 원래 있던 암석이 감람암인지 또는 에클로자이트인지를 판별해 낼 수 있다. 이러한 분석 결과에 따르면, 감람암으로부터 기원한 다이아몬드는 지구가 생성된 이래 맨틀 내에 존재하고 있던 탄소가 상변이하여 생성된 것이다. 이에 반해 에클로자이트 기원의 다이아몬드는 지표면에 있던 탄소가 순환하는 과정에서 생성된 것으로 밝혀졌다. 즉, 해양지각의 퇴적물에 존재하던 탄소가 판과 함께 맨틀로 회귀한 다음 화학작용에 의해 에클로자이트 결정 구조에 포함된 것이다.

그림 6-6 현무암 안에 포획되어 있는 맨틀 단괴

단괴는 가운데 위치한 옅은 색 결정으로 세로 길이는 약 2cm이다. 단괴를 포획하고 있는 짙은 색의 현무암 산출지는 제주도 남서쪽에 위치한 수월봉이다. 수월봉은 2010년 세계지질공원으로 등재되었다.

초염기성 단괴 : 현무암질 용암 내에 포획되어 있는 단괴의 크기는 1~10cm 정도이며, 주로 조립의 결정질체이다(그림 6-6). 단괴는 현무암질 마그마가 생성된 곳보다 얕은 곳에 있다가 상승하던 마그마에 포획된 암석이나 광물의 조각이다. 그러나 현무암질 마그마 방이 위치하는 깊이가 매우 다양하기 때문에, 이에 포획된 단괴 역시 생성된 깊이가 매우 다양하다. 단괴는 대부분이 감람암인데, 좀 더 세분하면 더나이트(dunite)와 하쯔버자이트(harzburgite)로 나눌 수 있다. 더나이트는 거의 모두 감람석으로 되어 있는 것에 비해 하쯔버자이트는 감람석과 사방휘석이 각각 50% 정도씩 차지하고 있는 초염기성 암석이다.

감람석이 주 구성 광물인 이러한 암석의 특징은 용융점이 맨틀 광물 중에서 가장 높다는 것이다. 이러한 감람암류 암석은 현무암이 추출된 다음 맨틀에 남아, 감람석이 많이 남아 있는 잔류 맨틀을 이루게 된다. 감람석은 SiO_2의 함량은 가장 낮고, $MgO + FeO$ 함량은 가장 높은 광물이다. 그러나 현무암 내에서 산출되는 단괴로서 중요한 것은 염기성 암석인 러조라이트(lherzolite)이다. 러조라이트는 감람석과 두 종류의 휘석인 사방휘석과 단사휘석이 다양한 비율로 조성되어 있는 암석이며, 스피넬이나 석류석이 포함되기도 한다.

상부 맨틀의 광물 조성

상부 맨틀 구성 암석으로 가장 중요한 러조라이트 같은 자연산출 암석은 규산염 광물의 복합체인데, 러조라이트의 가장 큰 특징은 용융 온도의 범위가 매우 넓다는 것이다. 이렇게 넓은 이유는 구성 광물의 용융 온도 차이가 큰 데다, 맨틀 광물은 규산염 광물이 복합적으로 구성되어 있으면서 서로 고용체(solid solution)를 이루고 있기 때문이다. 복합체를 이루는 광물이 용융을 시작하면 Fe- 성분이 많은 액상 물질이 먼저 생성되는데, 이러한 사실이 맨틀로부터 유래된 마그마의 Mg/(Mg+Fe) 비율이 마그마의 기원 물질보다 낮은 이유이다. 러조라이트에 대한 실험암석학 및 광물물리학적 연구가 시행되어 상변이 관계가 정립되었다. 이렇게 정립된 상변이 계통에 근거하여 정립된 상부 맨틀 모델은 아래와 같다.

두 개의 모델 : 고온-고압 실험 결과와 오피올라이트, 현무암의 기원 물질에 대한 연구, 킴벌라이트 및 맨틀 단괴에 대한 연구 결과를 종합하여 상부 맨틀의 광물 조성에 대한 암석 모델이 두 개 정립되었다.

석류석 감람암 모델(모델 1)과 석류석 러조라이트 모델(모델 2)이 그것이다. <모델 1>의 광물 조성은 감람석(67%), 사방휘석(25%), 석류석(6%) 및 단사휘석(2%)이다. <모델 2>는 감람석(60%), 사방휘석(23%), 석류석(15%) 및 단사휘석(2%)으로 구성되어 있다. 이러한 모델의 광물 조성은 변할 수 있는데, 가장 큰 요인은 지체구조운동의 활성도에 따라 맨틀 환경에 차이가 있기 때문이다. 즉 맨틀에서 부분용융이 일어날 수 있는 온도-압력 조건이 어디에서나 모두 같을 수는 없다.

맨틀에서 압력은 상부에 놓여 있는 암석의 무게에 따라 결정된다. 따라서 깊이가 깊어지면 압력은 증가한다. 밀도 역시 깊어질수록 증가하지만, 압력이 깊이에 대한 선형 함수가 아니듯 밀도도 선형으로 증가하지 않는다. 온도 역시 깊이에 따라 증가한다.

지온 증가율에 영향을 끼치는 요소는 다음과 같다. 1) 암석의 열 발생 정도, 2) 암석의 열전도율, 3) 열 전달 형태. 지표면의 암석은 용융점에 비해 온도가 매우 낮기 때문에, 지질시대 동안 항상 강성을 유지하고 있었으며, 지구 내부로부터 대류에 의해 전달된 열을 단열시키는 열 경계층 역할을 하였다. 지구 전체를 감싸면서 강성을 갖는 지각의 열 경계층 개념은 암권을 간단하게 설명할 수 있는 근거가 될 수 있다. 암권에서 열은 전도에 의해 전달되기 때문에 지온 증가율 경사는 매우 급하다. 이에 더하여 깊이에 따른 지온 증가율의 변화는 지역에 따라 다르다. 예를 들면 지온 증가율이 다른 지역에 비해 높은 지역이 위치하는 암권의 두께는 정상 지역과 비교하면 매우 얇다. 만약 열 경계층인 암권이 없다고 가정하면, 맨틀의 대류 물질이 지표면에 도달할 때의 온도가 1280°C인 것으로 추정된다.

맨틀 전이대

맨틀 전이대는 상부 맨틀과 하부 맨틀 사이 400~660㎞ 깊이 구간을 말하며, 밀도는 3.6~4.4g/㎤ 범위에 있다. 1930년대 초반에 이미 전이대의 상부 경계에서 규산염 광물이 상변이를 할 것이라고 예견되었다. 맨틀 전이대에는 깊이에 따라 증가하는 온도와 압력을 만족시킬 수 있는, 밀도는 높고 더욱 조밀한 격자 구조를 갖는 광물이 존재할 것이라는 가설을 설정한 것이다. 20세기 중·후반에 들어서면서 1930년대의 예측을 확증하는 적정한 결정 구조와 밀도를 갖는 고온-고압 광물이 합성되기 시작하였다. 이와 같이 합성된 고온-고압 광물이 맨틀 광물로 인정받게 된 것은 적정한 맨틀 깊이에서 이러한 광물들의 지진파 속도와 밀도 값이 지진파 모델(즉, PREM 등)의 제반 항목을 만족시켰기 때문이다.

상변이 메커니즘 : 고온-고압 실험 결과, 맨틀 전이대의 경계에서 일어나는 상변이 메커니즘은 대부분 재구축(reconstruction) 상변이로 저압상과 고압상의 결정 구조가 전혀 다르다. 재구축 상변이의 가장 좋은 예는 흑연과 다이아몬드의 상변이 관계이다. 흑연이 다이아몬드로 상변이하면 밀도가 2.0g/㎤에서 3.5g/㎤로 증가한다. 저압상인 흑연과 고압상인 다이아몬드는 결정 구조가 전혀 다르다. 재구축 상변이가 발생하면 결합 본드가 모두 끊어지고 새로운 결정 구조가 다시 구축된다. 규산염 광물 중에서 가장 간단한 재구축 상변이가 일어나는 광물은 석영(SiO_2)이다. 석영의 고압상인 스티쇼바이트(stishovite)는 1960년대에 최초로 합성되었으며, 지표면에서는 운석의 충돌로 만들

어진 분화구 주변에서 그 존재가 확인되었다.

재구축 상변이가 일어나기 위해 극복해야 할 에너지 장벽은 매우 높으며, 또한 상당히 긴 시간이 소요된다. 다이아몬드가 변해 흑연으로 다시 되돌아오지 않는 것처럼, 맨틀 전이대 조건에서 합성된 고압의 규산염 광물은 온도와 압력이 제거되어도 저압의 결정 구조로 되돌아가지 않는다. 고온-고압상의 결정 구조가 상온-상압 상태가 되어도 그대로 유지된다. 따라서 고온-고압 결정 구조의 밀도를 대기압에서 측정할 수 있다. 이것을 상압 밀도(zero-pressure density)라 한다. 상압 밀도는 다양한 조건에 따른 결정 구조의 밀도 값을 동일한 조건인 1 기압에서 비교한 것으로, 광물을 구분하고 비교할 때 매우 유용한 파라미터이다.

감람석 상변이 계통 : 상부 맨틀의 주성분으로 러조라이트의 60~70%를 차지하고 있는 감람석(α-상)이 β-스피넬(spinel)로 상변이하는 것과 400㎞ 지진파 불연속면이 연관되어 있는 것은 사실이다. 감람석($(Mg,Fe)_2SiO_4$)에서 Mg의 몰 비율은 0.90~0.91이다. 이러한 감람석이 상변이하는 깊이는 맨틀의 온도에 따라 변한다. β-스피넬은 520㎞ 깊이에 해당하는 17~18GPa에서 γ-스피넬로 상변이를 한다. $\beta \rightarrow \gamma$ 변이에 의해 밀도는 약 2% 증가하는데, 이러한 밀도 변화가 지진파 속도 증가에 미치는 영향은 미미한 것으로 판명되었다.

γ-스피넬은 맨틀 전이대 하부까지 결정 구조를 안정하게 유지하다 660㎞ 깊이에서 페롭스카이트(perovskite, $MgSiO_3$)와 마그네쇼우스타이트($(Mg,Fe)O$)로 분리하는 상변이를 한다. 페롭스카이트는 하부 맨틀

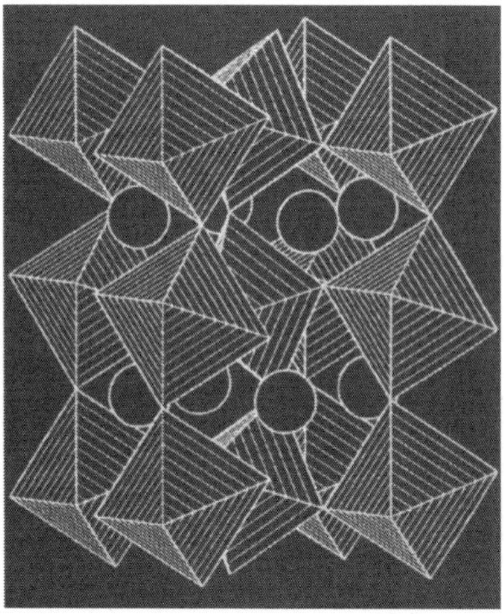

그림 6-7 페롭스카이트 결정 구조
감람석이나 휘석, 석류석 등 상부 맨틀에 있을 것으로 판단되는 광물들이 하부 맨틀 환경의 온도-압력 조건으로 환경이 바뀌면 페롭스카이트 구조로 상변이를 한다. 규산염 광물, $MgSiO_3$의 양이온 Mg가 가운데 공 모양에 위치하며, Si는 6개 모서리를 갖는 8면체 안에 위치한다.

에서 가장 많이 분포하는 결정 구조이다. 지구 전체에서 가장 많이 존재하는 광물 구조인 것이다. 이 구조는 규산염 광물이 페롭스카이트($CaTiO_3$) 결정 구조 형태로 배열한 것이다(그림 6-7). 감람석에서 β-스피넬로 상변이하는 깊이와 마찬가지로, γ-스피넬에서 페롭스카이트와 마그네쇼우스타이트로 상변이하는 깊이 역시 온도에 따라 변한다.

OPX 상변이 계통 : 감람석 다음으로 많이 존재하는 사방휘석(OPX)은 400km에서 다음과 같이 상변이를 한다. $Mg_2Si_2O_6$(OPX) ↔ Mg_2SiO_4(β-스피넬) + SiO_2(스티쇼바이트)<모델 1>. 상부 맨틀에 석류석이 많이 존재하고 있는 <모델 2>의 경우, OPX의 상변이 계통은 <모델 1>과 다르다. $2Mg_2Si_2O_6$(OPX) ↔ $Mg_3[Mg,Si]Si_3O_{12}$(메이저라이트). 메이저라이트(majorite)는 석류석 구조를 갖는 고압 규산염 광물로, 석류석과 고용체를 이룬다.

메이저라이트-석류석 고용체는 520km 경계에서 상변이를 하지 않고, 660km 경계에 이르면 다음과 같이 상변이한다: $(Mg)_3[(Mg),Si]$ Si_3O_{12}(메이저라이트) $\leftrightarrow$ $4MgSiO_3$(페롭스카이트), 그리고 $(Ca,Mg)_3[Al_2]$ Si_3O_{12}(석류석) $\leftrightarrow$ $3(Ca,Mg)SiO_3$(페롭스카이트) $+ Al_2O_3$(강옥). 상부 맨틀에서 Ca와 Al을 함유하고 있는 석류석이 하부 맨틀에서도 이러한 원소를 함유하는 페롭스카이트와 강옥 구조로 상변이 한다.

CPX 상변이 계통 : <모델 1>과 <모델 2> 모두에서 부성분으로 존재하고 있는 단사휘석$((Ca,Mg)_2Si_2O_6)$은, 맨틀 전이대 전 구간에서 매우 안정한 상태를 유지하다, 660km 경계에서 두 가지 성분의 페롭스카이트, 즉 $CaSiO_3$와 $MgSiO_3$로 상변이 한다.

앞서 말한 상변이 관계는 맨틀 광물로 인정되고 있는 몇 종류에만 국한되는 것으로, 다른 다양한 광물이 존재할 가능성을 절대로 배제해서는 안 된다. $CaO-FeO-MgO-Al_2O_3-SiO_2$계(CFMAS system)가 지구 맨틀에서 97% 이상을 차지하고 있지만, 다른 화학 성분도 존재해야 하므로 당연히 다른 광물의 존재를 부인할 수 없다.

맨틀 전이대의 광물 조성

이와 같은 상변이 계통에 근거하여 맨틀 전이대의 암석 조성은 두 가지 경우로 요약할 수 있다. <모델 1>의 경우, 400km 경계에서 석류석이 많지 않아 매우 많은 양의 β-스피넬이 생성되는데, 이때 스티쇼바이트도 생성된다. 반면, 석류석과 CPX는 상변이를 하지 않는다. 이와는 대비되게 석류석이 많은 <모델 2>는 메이저라이트-석류석 고용체를 이루며 상변이를 한다. β-스피넬은 감람석으로부터만 생성된다. 400km 경계를 가로지르면서 발생하는 전반적인 밀도 변화는 <모델 1>이 <모델 2>에 비해 높은데, 이는 스티쇼바이트 때문이다. 따라서 <모델 1>인 맨틀의 경우 400km 경계에서 더욱 강한 지진파 속도와 밀도의 대비가 있을 수 있다.

맨틀 전이대의 하부가 γ-스피넬과 메이저라이트-석류석 고용체가 주요 구성 광물인 <모델 2>의 경우, 660km 경계에서 상변이 관계는 다음과 같다. γ-스피넬은 페롭스카이트와 마그네쇼우스타이트로 분리된다. 메이저라이트는 페롭스카이트로 상변이하며, 석류석은 페롭스카이트와 강옥 구조로 상변이한다. 마지막으로 단사휘석은 거의 같은 양으로 두 성분을 갖는 페롭스카이트, 즉 Ca-페롭스카이트 및 Mg-페롭스카이트로 분리되는 상변이를 한다.

하부 맨틀

하부 맨틀은 심도 660km부터 2,891km까지이며, 밀도는 $4.4g/cm^3$부터 $5.6g/cm^3$까지 대체로 선형으로 증가한다. 그러나 하부 맨틀의 최상부인 100km 구간은 지진파 속도가 매우 빠르게 증가하고 있어 하부 맨틀 경계에서 발생한 상변이가 이 구간까지 확산되었음을 시사해 주고 있다. 반면, 하부 맨틀 제일 아래에 있는 D"층의

200~250㎞ 구간에서는 지진파 속도 증가율이 매우 낮다.

하부 맨틀의 구성 성분에 대해 가장 궁금한 점은 상부 맨틀과 같은가, 아니면 다른 가이다. 광물 조성에 따른 밀도에 가장 큰 영향을 미치는 것은 $Mg/(Mg+Fe)$ 비율이다. 다음은 온도이다. 석류석 러조라이트 모델(모델 1)에서 주구성 광물의 $Mg/(Mg+Fe)$는 0.9인데, 하부 맨틀의 상부에서 이 비율이 유지되기 위해서는 온도가 1,200℃를 넘지 않아야 한다.

그러나 (Mg,Fe)-페롭스카이트의 열팽창 계수가 매우 크다는 것이 고온-고압 실험을 통해 밝혀졌다. 따라서 열팽창에 의해 밀도가 낮아지는데 이러한 밀도 값을 유지하려면 온도는 거의 1,700℃보다 높아져야 한다. 이러한 온도에서 하부 맨틀의 상부에는 본질적으로 무거운 원자로 이루어진 광물이 존재해야 한다. 원소 구성비로 보면 $Mg/(Mg+Fe)$가 0.86 정도 되는 광물 조성이 이에 해당한다.

이와 같이 상-하부 맨틀 사이에 화학 성분의 차이가 조금은 있다고 믿는 이유는 다음과 같다. 1) 지각이 형성될 때 부분용융 작용이 발생한 곳은 상부 맨틀이다. 하부 맨틀과는 관련이 없다. 따라서 하부는 상부와 성분이 다를 수 있다. 2) 지구 부가작용의 후기 단계에서 충돌이 잦아들면서 마그마 바다가 서서히 냉각되는 동안 발생했을지도 모를 화학작용으로 인해 상-하부 맨틀 성분의 차이가 고착화되었을 가능성을 배제할 수 없다.

지금까지 획득할 수 있는 다양한 정보에 근거하여 추정한 하부 맨틀의 조성은 상부 맨틀에 비해 $Mg/(Mg+Fe)$ 비율이 조금 낮고, SiO_2는 조금 더 많이 존재하며, Ca/Al 비율은 조금 낮다. 이로부터 추정한 하부 맨틀의 광물 구성은 (Mg,Fe)-페롭스카이트 81%, 마그네쇼우스타이트 9%, Ca-페롭스카이트 6%, 강옥 4%이다. 하부 맨틀의 최하부에 있는 D"층은 화학적으로 매우 복잡한 층으로 전반적인 맨틀의 물리·화학적 진화를 밝혀줄 수 있는 구조로 생각되고 있다. 바로 맨틀 플룸 구조이다(제5장 참조).

지구 핵

지구의 핵은 외핵과 내핵으로 나뉜다. 외핵은 반경이 3,485km이고, 지구 질량의 29.3%, 지구 부피의 16%를 차지하고 있다. 내핵은 각각 1,225km, 1.7%, 0.7%이다. 외핵의 평균 밀도는 핵-맨틀 경계에서 9.9g/cm³이고, 내핵의 밀도는 내핵의 중심, 즉 지구 중심에서 13.1g/cm³이다. 핵이 주로 철로 구성되어 있다고 보는 이유는 철이 지구 내부 핵의 밀도 값과 존재량이란 면에 있어 가장 합당하고 유일한 원소로 인식되고 있기 때문이다. 철이 핵의 주요 성분이지만, 외핵과 내핵의 전체 조성은 서로 다르다. 외핵은 철보다 밀도가 낮은 원소가 철과 화합물을 이루고 있는 반면, 내핵은 철과 친철원소가 합금을 이루고 있는 것으로 추정된다.

이렇게 추정하는 가장 큰 근거는 철 운석에 대한 연구 결과이다. 이에 더하여, 보다 확정적인 근거는 다양한 원소에 대한 충격파 실험 결과와 지진파의 속도 분포를 비교한 데이터이다(3장 참조).

외핵은 액체이고 내핵은 고체이다. 그렇다면 이렇게 다른 이유는

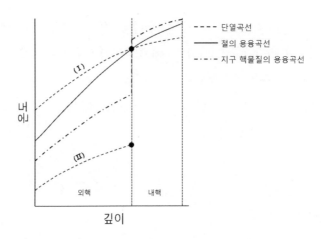

그림 6-8 지구 핵의 온도 범위와 변이

핵에서 깊이에 따른 용융점과 온도의 변화와 이에 의해 액체 상태의 외핵이 고체 상태의 맨틀과 내핵 사이에 존재하는 것을 개괄적으로 나타낸 다이어그램이다. 단열 곡선(I)은 철 (Fe) 단일 성분의 값이며, 단열 곡선(II)는 철과 황화철(FeS) 화합물의 지온 증가 곡선이다.

무엇인가? 지구가 생성된 이후 언제부터 내핵이 고체로 변하기 시작 하였는가? 시간이 지남에 따라 내핵은 점점 커지고 있는가? 아니면 작아지는가? 외핵이 모두 고체로 변하고 난 후, 즉 모든 핵이 고체가 된 다음 지구의 운명은? 이것이 지구의 종말인가? 왜 이러한 현상은 발생하였고, 또 진행되고 있는가? 지구 자기 발생 원리는 무엇인가? 내핵의 성장이 지구 자기에 미치는 영향은 무엇인가? 지구 자기 방 향의 역전과 이에 따른 외핵, 그리고/또는 내핵의 물리·화학적 변화 는 무엇인가? 이에 더하여 외핵의 절대밀도는 얼마이며, 외핵의 구성 성분으로 철 이외의 다른 원소가 존재할 가능성은 얼마나 되며, 공존 할 수 있는 원소는 무엇인가? 또한 고체인 내핵의 자전 주기는 지구 전체와 비교하면 어떤가? 자전축이 23.5°기울어진 지구와 자전 주기가 같을까, 아니면 조금 빠를까, 아니면 조금 느릴까?

지구 핵에 대한 의문은 꼬리에 꼬리를 문다. 아마도 앞서 말한 질문 모두가 서로 연관되어 있을 것으로 판단되지만, 아쉽게도 현재로서는 이러한 문제에 대한 정답을 우리는 갖고 있지 못하다.

외핵 성분 vs 내핵 성분

액체인 외핵 안에 고체인 내핵이 있는 이유는 무엇일까? 만약 외핵과 내핵의 구성 성분이 같다면, 내핵이 더 깊은 곳에 있기 때문에 압력이 더 높아 고체가 되었을 수 있다. 즉, 압력의 증가에 따른 용융점의 증가가 깊이에 따른 온도의 증가보다 높으면 이 가설은 맞을 수도 있다.

그러나 외핵과 내핵의 성분은 다른 것 같다. 화학 성분이 같지 않을 것이라는 근거는 두 구조 사이의 경계에 대한 지진파 분석을 통해 알 수 있다. 내핵의 존재는 지진파의 암영대에 의해 밝혀졌으며(4장 참조), 이를 근거로 고체인 것으로 간주되어 왔다.

하지만 실제로 내핵 이외의 구조를 P-파 형태로 통과한 다음 내핵은 S-파 형태로 관통하여 지표면에 도달한 지진파를 분석하였으나 내핵이 고체라는 것을 확증하는 데는 실패하였다. 현재도 이 사실을 증명한다는 것은 매우 어려운 일로 받아들여지고 있다.

이러한 문제를 해결하기 위해 새로운 방법이 제안되었는데, 바로 주기가 매우 긴 지구 자유 진동 데이터를 분석하는 것이다. 분석 결과 내핵에서 S-파의 전파 속도는 약 3.45㎞/초이며, 한 가지 특이한 것은 전파 속도가 파의 진행 방향에 따라 차이를 보인다는 것이다. S-파의 존재와 전파 속도의 이방성은 결정질 물질에서나 가능하지, 액체에서는 나타날 수 없는 현상이므로 내핵이 고체라는 것을 확실하게 증명한 셈이다. 또한 내핵의 경계에서 관찰된 매우 약한 반사파를 분석한 결과, 내핵은 외핵보다 약 $0.5g/cm^3$ 정도 밀도가 더 높은 것으로 분석되었다. 이러한 분석 결과는 내핵과 외핵의 화학 성분에 분명한 차이가 있음을 뒷받침해 주고 있다.

<그림 6-8>에서 외핵의 온도 범위는 철의 단열곡선(I)과 철과 황화철의 단열곡선(II) 사이에 있다. 외핵의 성분은 철과 철보다 낮은 원소로 된 화합물로 구성되어 있기 때문에, 철의 용융 곡선보다 낮은 온도에서 녹는 액체 상태로 존재한다(외핵에서 아래쪽 실선). 그러나 외핵의 철 화합물의 용융온도는 단열곡선(II)보다는 높아야 하는데, 단열곡선(II)는 철(Fe) 1몰과 황화철(FeS) 1몰의 공융온도이기 때문이다. 외핵에서 철보다 원자량이 낮은 희석원소의 존재량은 어느 원소이든지 10%를 넘지는 않는 것 같다.

희석원소에 관한 기술은 아래에 나와 있다. 내핵에서는 압력의 영향으로 내핵 구성물질의 용융곡선은 단열곡선(I)보다 높다(내핵에서 맨 위쪽 실선). 또한 순수한 철의 용융 곡선보다 높다. 따라서 내핵을 구성하는 물질은 녹지 않고 고체 상태로 존재할 수 있다.

지구 핵의 온도-압력 조건을 재현할 수 있는 기기를 이용하여 얻은 고온-고압 실험 결과에 따르면, 핵이 주로 철로 구성되어 있다는 것은 확실하다. 이렇게 확신하는 이유는 철이 외핵의 밀도 값을 만족시켜 줄 뿐만 아니라 지진파 속도 역시 만족시키기 때문이다. 이에 더하여 철은 열과 전기의 도체로서 지구다이나모가 작동되기에 꼭 맞는 물질이며, 지구상에 존재량이 풍부한 원소라는 것이다.

그러나 외핵에 대한 지진파 분석 결과, 주성분은 철이 거의 확실하지만 밀도는 순수한 철에 비해 약 10% 낮은 것으로 나타났다. 따라서 외핵에는 밀도를 낮추어 줄 수 있는 희석 물질이 존재해야 한다. 희석 물질은 다음과 같은 조건을 충족시켜야 한다. 1) 외핵의 압력-온도 조건에서 철과 합금을 만들 수 있어야 하고, 2) 충분한 양이 핵에 참여할 수 있는 원소여야 하며, 3) 태양계 내에 풍부하게 존재하는 원소이고, 4) 철과 합금 상태에서 외핵을 통과하는 지진파의 특성과 함께 외핵의 밀도 값을 만족시켜야 한다.

이와 같은 조건을 만족시킬 만한 후보로 고려되고 있는 원소는 다음과 같다. 첫째는 황(S)이다. 황은 쉽게 철과 결합하여 황화철(FeS)이 되며, 황화철과 철은 고온에서 섞일 수 있다. 외핵에서 섞여 있던 철과 황화철은 냉각되는 동안 철이 가라앉으면서 내핵으로 부가된다. 밀도가 높기 때문이다. 반대로 황화물인 FeS는 가볍기 때문에 위쪽으로 이동할 수 있다. 아직 핵에 해당하는 온도-압력 조건에서 이러한 사실이 확인된 것은 아니지만, 이러한 시나리오를 핵에 적용할 수 없다고 할 수만도 없다. 외핵의 밀도 값을 만족시키기 위해서 8~12% 정도의 황이 외핵에 있어야 하지만, 핵에 이 정도의 황 원소가 존재하려면 콘드라이트에서는 20~50%가 요구된다. 이 정도 양은 유사한 다른 모든 휘발성 원소보다 매우 많은 양의 황이 지구에 있어야만 된다는 것을 뜻한다. 그럼에도 불구하고 희석 원소로서의 황의 존재 가능성을 높여 준 결정적 증거는 철 운석에 황화광물인 트로이라이트(troilite,

FeS)가 존재한다는 사실이다(그림 2-8 참조).

두 번째 후보는 산소(O)이다. 고온-고압 실험 결과에 따르면 철과 산소는 1기압에서는 서로 용해되지 않으나, 외핵의 온도-압력 조건에서는 용해가 가능하다. 이렇게 용해된 산화철(FeO)은 핵과 맨틀에 해당하는 고온-고압에서 고체 또는 액체 상태 모두에서 금속인 것으로 밝혀졌다. 지구 생성 초기에는 압력이 높지 않았으므로 산소가 철에 용해되지 않아 당시의 핵 안으로 들어갈 수가 없었다. 이것이 FeS와 다른 점이지만, 지구 내부에 층상구조가 형성된 다음, 맨틀의 산소와 핵의 철이 화학 반응을 하여 FeO가 생성되었을 가능성을 배제할 수 없다. 그러나 언제 이와 같은 화학작용이 발생하였는지는 알 수 없는 것이 산소 원소의 약점이다.

세 번째 원소는 수소(H)이다. 핵 압력에 부합하는 조건에서 철과 수소는 철수화물(iron hydride)을 생성한다. 철수화물은 밀도가 매우 낮으므로 1wt% 정도의 수소만 핵에 있어도 외핵의 밀도를 만족시킬 수 있다. 수소의 약점은 산소와 같이 고온 상태에서만 철과 수화물을 만들 수 있다는 점과 수소가 태양계에서 가장 많이 존재하는 원소이지만 휘발성이 지극히 높기 때문에 지구처럼 작은 행성에서 수화물을 만들 수 있었을까 하는 점이다. 그렇지만, 만약 초기 지구 내부에 물(H_2O)이 있었다면, 물이 분해되어 발생한 수소가 수화물을 만들 수도 있었을 것이라는 추정을 배제할 이유 또한 없다.

상기한 세 가지 원소 다음으로 가능성이 있는 원소는 규소(Si)인데, 규소가 사방휘석 운석에서 발견되고 있기 때문이다. 규소(원자량 28)는 황(원자량 32)보다 가벼우므로 규소가 황에 비해 외핵에 존재하는 양이 약간 적어도 된다는 점이 유리한 조건이다. 반대로 규소는 철과 같이 녹아 화합물을 만들지 못하기 때문에 외핵의 용융점을 낮추는 데 기여할 수 없었다는 약점이 있다. 이외에 희석 물질로 다양한 원소가 제안되었는데, 핵에 존재할 가능성을 모두 배제할 수는 없지만 만약 존재한다 하더라도 극미량일 것으로 예상된다.

내핵은 순수한 철로만 구성되어 있지는 않은 것 같다. 철과 함께 친철원소가 공존할 가능성이 매우 높다. 그러나 친철원소 대부분이 존재한다 하더라도 매우 적은 양에 불과하므로 내핵의 밀도에는 큰 영향을 주지 않을 것으로 판단된다. 단, 예외가 있는데 니켈이다. 철운석에서 철의 약 5% 정도의 니켈이 발견되기 때문이다(그림 2-9). 만약 니켈이 내핵에 철과 함께 존재한다면 내핵의 밀도를 약간 증가시킬 수 있을 것으로 예상된다.

외핵과 내핵의 대류

외핵의 대류와 맨틀 대류를 비교해 보자. 외핵의 하부에서 밀도가 낮은 유체가 상승한다는 것은 맨틀에서 발생하고 있는 열적대류와 마찬가지로 서로 일치하는 점이다. 그러나 대류 양상의 차이가 있다. 다름아닌 상승한 유체가 하강할 때, 외핵의 상·하 온도 차이가 아니라 특정 성분의 차이에 의해 대류가 일어난다는 점이다. 바로 성분대류(compositional convection)이다. 외핵과 내핵의 경계에서는 외핵이 서서히 냉각하며 굳어진 철이 내핵 표면에 부가되면서 내핵은 성장을 한다. 외핵의 하부에서 외핵을 이루는 물질이 두 가지 성분으로 분리가 되어야 한다. 철(Fe)과 황화철(FeS)을 예로 들어 보면, 냉각에 의해 분리된 Fe가 내핵의 표면에 부가되고 나면, FeS는 내핵 표면의 바로 위에 남아 일정한 층을 이루게 된다. 층상으로 존재하는 물질은 외핵의 나머지 부분을 차지하는 물질보다 가볍기 때문에 (+) 부력을 받아 상승하게 된다. 이러한 과정이 되풀이되면서 외핵에서 층상대류가 일어나는것으로 추정되고 있다.

현재 내핵의 크기로 성장하기 위해 방출된 열량이 외핵에서 성분 차이에 의한 다이나모를 일으키기에는 충분한 에너지일 것으로 추산되고 있다. 그러나 이러한 설명이 꼭 맞지 않을 수도 있다. 외핵의 밀도를 낮추는 희석 물질, 핵의 온도 분포 및 외핵과 내핵 경계의 특성 등을 현재로서는 정확하게 알지 못하기 때문이다. 그러나 성분대류가 다이나모 발생의 에너지원을 설명하는 데 열적대류보다는 더 가능성이 있는 것으로 판단되고 있다. 그러나 열적대류와 성분대류를 검증하는 데 따르는 불확실성은 너무나 많기 때문에, 현재로서는 성분대류가 열적대류에 비해 단지 조금 더 선호되는 메커니즘에 지나지 않는다는 점에 유의하여야 한다.

내핵에서도 대류가 일어나고 있다. 물론 내핵의 대류는 외핵에 비해 격렬한 형태로 일어나는 것은 절대로 아니다. 왜냐하면 용융 온도보다 크게 낮지 않은 온도에 있는 고체 물질은 포행(solid-state creep)에 의해 움직일 수 있기 때문이다. 내핵을 통과한 지진파에서 관측되고 있는 이방성이 대류가 원인인 것으로 판단되고 있다. 포행 대류 패턴으로부터 내핵을 구성하고 있는 철과 니켈 합금은 이방성을 갖는 육방정계밀집구조(hexagonal close-packed structure)이고, 유동 방향을 따라 길게 늘여져 있는 모양일 것으로 추정된다.

참고문헌

Anderson D. L., *Theory of the Earth*, Blackwell, 1989.

Bennett C. E., *Physics without mathematics*, Barnes & Noble Books, 1970.

Bolt B. A., *Earthquakes*, Freeman, 1988.

Brown G. C. and Mussett A.E., *The inaccessible Earth*, Chapman & Hall, 1993.

Decker R. and Decker B., *Volcanoes*, Freeman.

Holloway J. R. and Wood B.J., *Simulating the Earth*, Unwin Hyman, 1988.

Keller E. A. and Pinter N., *Active tectonics*, Prentice Hall, 2002.

Klein C. and Hurlbut Jr. C. S., *Manual of mineralogy*, John Wiley & Sons, 1985.

Liu L. G. and Bassett W. A., *Elements, oxides, silicates, high pressure phases with implications for the Earth's interior*, Oxford, 1986.

Nicolas A., *The mid-oceanic ridges*, Springer-Verlag, 1995.

Poirier J. P., *Introduction to the physics of the Earth's interior*, Cambridge, 1991.

Skinner B. J. and Porter S. C., *The dynamic Earth*, John Wiley & Sons, 2000.

Smylie D. E. and Hide R.(eds.), *Structure and dynamics of the Earth's deep interior*, AGU, 1988.

Walker J. C. G., Earth History, *The several ages of the Earth*, Jones & Bartlett, 1986.

김경렬, 『판구조론』, 생각의 힘, 2015.

김규태 옮김, 『46억년의 생존』, 글항아리, 2011.

김시준 외 5인, 『멸종』, MID, 2014.

김영호, 『물 : 지구의 선물』, 경상대학교 출판부, 2011.

김예동, 『남극을 열다』, 지식 노마드, 2015.

아이작 아시모프 지음, 백상현 옮김, 『지구와 우주, 100가지 상식』,
        고려원미디어, 1993.

에릭 샬린 지음, 서종기 옮김, 『광물, 역사를 바꾸다』, 예경, 2013.

쑨자오룬 지음, 심지언 옮김, 『지도로 보는 세계 과학사』, 시그마북스, 2009.

이기화, 『모든 사람을 위한 지진 이야기』, 사이언스북스, 2015.

빌 브라이슨 지음, 이덕환 옮김, 『거의 모든 것의 역사』, 까치글방, 2004.

이유경 · 정지영, 『툰드라 이야기』, 지식노마드, 2015.

이한음 옮김, 『살아있는 지구의 역사』, 까치글방, 2005.

임진용, 티코 브라헤, 『천체도를 제작하다』, 대명, 2010.

임진용, 『우리가 잘 몰랐던 천문학 이야기』, 연암서가, 2015.

장순근, 『땅속에서 과학이 숨쉰다』, 가람기획, 2007.

최덕근, 『내가 사랑한 지구』, 휴머니스트, 2015.

필립 M. 도버 외 지음, 황도근 옮김, 『지구 대폭발』, 자작나무, 1997.

찾아보기